# 1+X 职业技能鉴定考核指导手册

# 美发师

## （第2版）

## 五 级

## 编审委员会

主　任　　仇朝东

委　员　　葛恒双　顾卫东　宋志宏　杨武星　孙兴旺

　　　　　刘汉成　葛　玮

执行委员　孙兴旺　张鸿樑　李　晔　瞿伟洁

中国劳动社会保障出版社

**图书在版编目(CIP)数据**

美发师. 五级/上海市职业技能鉴定中心组织编写. —2 版. —北京：中国劳动社会保障
出版社，2012

1＋X 职业技能鉴定考核指导手册

ISBN 978-7-5045-9857-8

Ⅰ.①美…　Ⅱ.①上…　Ⅲ.①理发-职业技能-鉴定-自学参考资料　Ⅳ.①TS974.2

中国版本图书馆 CIP 数据核字(2012)第 172696 号

**中国劳动社会保障出版社出版发行**

(北京市惠新东街1号　邮政编码：100029)

出版人：张梦欣

\*

北京市艺辉印刷有限公司印刷装订　新华书店经销

787毫米×960毫米　16开本　7.5印张　118千字

2012年8月第2版　　2019年7月第3次印刷

定价：16.00元

读者服务部电话：(010) 64929211/84209101/64921644

营销中心电话：(010) 64962347

出版社网址：http://www.class.com.cn

# 改版说明

　　1+X职业技能鉴定考核指导手册《美发师（五级）》自2010年出版以来深受从业人员的欢迎，在美发师（五级）职业资格鉴定、职业技能培训和岗位培训中发挥了很大的作用。

　　随着我国科技进步、产业结构调整、市场经济的不断发展，新的国家和行业标准的相继颁布和实施，对五级美发师的职业技能提出了新的要求。2011年上海市职业技能鉴定中心组织有关方面的专家和技术人员，对美发师的鉴定考核题库进行了提升，计划于2012年公布使用，并按照新的五级美发师职业技能鉴定题库对指导手册进行了改版，以便更好地为参加培训鉴定的学员和广大从业人员服务。

# 前　言

职业资格证书制度的推行，对广大劳动者系统地学习相关职业的知识和技能，提高就业能力、工作能力和职业转换能力有着重要的作用和意义，也为企业合理用工以及劳动者自主择业提供了依据。

随着我国科技进步、产业结构调整以及市场经济的不断发展，特别是加入世界贸易组织以后，各种新兴职业不断涌现，传统职业的知识和技术也愈来愈多地融进当代新知识、新技术、新工艺的内容。为适应新形势的发展，优化劳动力素质，上海市人力资源和社会保障局在提升职业标准、完善技能鉴定方面做了积极的探索和尝试，推出了1＋X培训鉴定模式。1＋X中的1代表国家职业标准，X是为适应上海市经济发展的需要，对职业标准进行的提升，包括了对职业的部分知识和技能要求进行的扩充和更新。上海市1＋X的培训鉴定模式，得到了国家人力资源和社会保障部的肯定。

为配合上海市开展的1＋X培训与鉴定考核的需要，使广大职业培训鉴定领域专家以及参加职业培训鉴定的考生对考核内容和具体考核要求有一个全面的了解，人力资源和社会保障部教材办公室、中国就业培训技术指导中心上海分中心、上海市职业技能鉴定中心联合组织有关方面的专家、技术人员共同编写了《1＋X职业技能鉴定考核指导手册》。该手册由"理论知识复习题""操作技能复习题"和"理论知识模拟试卷及操作技能模拟试卷"三大块内容组成，书中介绍了题库的命题依据、试卷结构和题型题量，同时从上海市 1＋X 鉴定题库中抽取部分理论知识试题、操作技能试题和模拟样卷供考生参考和练习，便于考生能够有针对性地进行考前复习准备。今后我们会随着国家职业标准以及鉴定题库的提升，逐步对手册内容进行补充和完善。

本系列手册在编写过程中，得到了有关专家和技术人员的大力支持，在此一并表示感谢。

由于时间仓促，缺乏经验，如有不足之处，恳请各使用单位和个人提出宝贵意见和建议。

1＋X 职业技能鉴定考核指导手册

编审委员会

# 目　　录

**CONTENTS**　　1＋X职业技能鉴定考核指导手册

美发师职业简介 ………………………………………………………（ 1 ）

第 1 部分　美发师（五级）鉴定方案 ………………………………（ 2 ）

第 2 部分　鉴定要素细目表 …………………………………………（ 4 ）

第 3 部分　理论知识复习题 …………………………………………（18）

　　工器具及环境准备 ………………………………………………（18）

　　接待服务 …………………………………………………………（23）

　　洗发、按摩 ………………………………………………………（27）

　　发型制作 …………………………………………………………（30）

　　染发与护发 ………………………………………………………（51）

第 4 部分　操作技能复习题 …………………………………………（57）

　　洗发、按摩 ………………………………………………………（57）

　　发型制作 …………………………………………………………（57）

第 5 部分　理论知识考试模拟试卷及答案 …………………………（82）

第 6 部分　操作技能考核模拟试卷 …………………………………（94）

# 美发师职业简介

## 一、职业名称

美发师。

## 二、职业定义

根据顾客的头形、脸形、发质和要求，为其设计、修剪、制作发型的人员。

## 三、主要工作内容

从事的工作主要包括：（1）工器具准备；（2）环境准备；（3）礼仪接待；（4）服务介绍；（5）坐洗或仰洗；（6）头部按摩；（7）男式修剪、女式修剪；（8）烫发；（9）男式吹风造型、女式吹风造型；（10）工具消毒；（11）剃须、修面；（12）白发染黑；（13）护发等。

# 第1部分
## 美发师（五级）鉴定方案

### 一、鉴定方式

美发师（五级）的鉴定方式分为理论知识考试和操作技能考核。理论知识考试采用闭卷计算机机考方式，操作技能考核采用现场实际操作（及口试）方式。理论知识考试和操作技能考核均实行百分制，成绩皆达60分及以上者为合格。理论知识或操作技能不及格者可按规定分别补考。

### 二、理论知识考试方案（考试时间90 min）

| 题型 \ 题库参数 | 考试方式 | 鉴定题量 | 分值（分/题） | 配分（分） |
|---|---|---|---|---|
| 判断题 | 闭卷机考 | 60 | 0.5 | 30 |
| 单项选择题 | | 70 | 1 | 70 |
| 小计 | — | 130 | — | 100 |

## 三、操作技能考核方案

### 考核项目表

| 职业（工种）名称 | | | 美发师 | | 等级 | | 五　级 | |
|---|---|---|---|---|---|---|---|---|
| 职业代码 | | | | | | | | |
| 序号 | 项目名称 | 单元编号 | 单元内容 | | 考核方式 | 选考方法 | 考核时间（min） | 配分（分） |
| 1 | 洗发、按摩 | 1 | 洗发 | | 操作 | 必考 | 5 | 5 |
| | | 2 | 头部、肩部、颈部、背部按摩 | | | | 10 | 10 |
| 2 | 发型制作 | 1 | 男、女式发型制作 | | | 六抽一 | 35 | 60 |
| | | 2 | 卷杠（公仔头、六分区标准排列卷杠） | | | 必考 | 25 | 25 |
| 合计 | | | | | | | 75 | 100 |
| 备注 | | 美发工具和卫生安全的考核要求要在考核细目表中体现 | | | | | | |

# 第2部分

# 鉴定要素细目表

| 职业（工种）名称 | | | | 美发师 | 等级 | 五级 |
|---|---|---|---|---|---|---|
| 职业代码 | | | | | | |
| 序号 | 鉴定点代码 | | | | 鉴定点内容 | 备注 |
| | 章 | 节 | 目 | 点 | | |
| | 1 | | | | 工器具及环境准备 | |
| | 1 | 1 | | | 工器具的准备 | |
| | 1 | 1 | 1 | | 剪发类工具、用品的种类和用途 | |
| 1 | 1 | 1 | 1 | 1 | 剪发类工具、用品的种类 | |
| 2 | 1 | 1 | 1 | 2 | 剪发类工具的用途 | |
| 3 | 1 | 1 | 1 | 3 | 剪发类用品的用途 | |
| | 1 | 1 | 2 | | 剃须、修面工具和用品的种类和用途 | |
| 4 | 1 | 1 | 2 | 1 | 剃须、修面工具的种类和用途 | |
| 5 | 1 | 1 | 2 | 2 | 剃须、修面用品的种类和用途 | |
| | 1 | 1 | 3 | | 吹风造型类工具的种类和用途 | |
| 6 | 1 | 1 | 3 | 1 | 吹风造型类工具的种类 | |
| 7 | 1 | 1 | 3 | 2 | 吹风造型类工具的用途 | |
| | 1 | 1 | 4 | | 梳刷类工具的种类和用途 | |
| 8 | 1 | 1 | 4 | 1 | 梳刷类工具的种类 | |
| 9 | 1 | 1 | 4 | 2 | 梳刷类工具的用途 | |
| | 1 | 1 | 5 | | 常用美发工具的清洁保养 | |
| 10 | 1 | 1 | 5 | 1 | 电推剪的清洁保养 | |

| 职业（工种）名称 | | | | 美发师 | 等级 | 五级 |
|---|---|---|---|---|---|---|
| 职业代码 | | | | | | |
| 序号 | 鉴定点代码 | | | | 鉴定点内容 | 备注 |
| | 章 | 节 | 目 | 点 | | |
| 11 | 1 | 1 | 5 | 2 | 剪刀的清洁保养 | |
| 12 | 1 | 1 | 5 | 3 | 剃刀的清洁保养 | |
| 13 | 1 | 1 | 5 | 4 | 小吹风机的清洁保养 | |
| 14 | 1 | 1 | 5 | 5 | 梳、刷的清洁保养 | |
| | 1 | 1 | 6 | | 常用美发工具的消毒知识 | |
| 15 | 1 | 1 | 6 | 1 | 工具消毒 | |
| 16 | 1 | 1 | 6 | 2 | 毛巾消毒 | |
| | 1 | 1 | 7 | | 常用美发工具的维修 | |
| 17 | 1 | 1 | 7 | 1 | 电推剪的常见故障及排除 | |
| 18 | 1 | 1 | 7 | 2 | 小吹风机的常见故障及排除 | |
| | 1 | 1 | 8 | | 常用美发、固发用品的分类 | |
| 19 | 1 | 1 | 8 | 1 | 洗发类用品的分类 | |
| 20 | 1 | 1 | 8 | 2 | 护发类用品的分类 | |
| 21 | 1 | 1 | 8 | 3 | 固发类用品的分类 | |
| 22 | 1 | 1 | 8 | 4 | 烫发类用品的分类 | |
| 23 | 1 | 1 | 8 | 5 | 染发类用品的分类 | |
| | 1 | 1 | 9 | | 常用美发、固发用品的用途 | |
| 24 | 1 | 1 | 9 | 1 | 洗发类用品的用途 | |
| 25 | 1 | 1 | 9 | 2 | 护发类用品的用途 | |
| 26 | 1 | 1 | 9 | 3 | 固发类用品的用途 | |
| 27 | 1 | 1 | 9 | 4 | 烫发、染发类用品的用途 | |
| | 1 | 1 | 10 | | 围布、毛巾的准备 | |
| 28 | 1 | 1 | 10 | 1 | 围布的分类、用途 | |
| 29 | 1 | 1 | 10 | 2 | 毛巾的消毒方法 | |
| | 1 | 2 | | | 美发工作环境的准备 | |
| | 1 | 2 | 1 | | 美发服务环境的准备 | |

续表

| 职业（工种）名称 | | | | 美发师 | 等级 | 五级 |
|---|---|---|---|---|---|---|
| 职业代码 | | | | | | |
| 序号 | 鉴定点代码 | | | | 鉴定点内容 | 备注 |
| | 章 | 节 | 目 | 点 | | |
| 30 | 1 | 2 | 1 | 1 | 美发服务环境准备工作的范围 | |
| | 1 | 2 | 2 | | 美发服务环境室内准备工作的要求 | |
| 31 | 1 | 2 | 2 | 1 | 美发厅对空气的要求 | |
| 32 | 1 | 2 | 2 | 2 | 美发厅对照明的要求 | |
| 33 | 1 | 2 | 2 | 3 | 美发厅对色彩的要求 | |
| | 1 | 2 | 3 | | 美发服务环境室外准备工作的要求 | |
| 34 | 1 | 2 | 3 | 1 | 橱窗的要求 | |
| 35 | 1 | 2 | 3 | 2 | 装饰环境的设施、设备、用具、用器要求 | |
| | 2 | | | | 接待服务 | |
| | 2 | 1 | | | 礼仪接待 | |
| | 2 | 1 | 1 | | 美发师的仪表、仪态 | |
| 36 | 2 | 1 | 1 | 1 | 着装要求 | |
| 37 | 2 | 1 | 1 | 2 | 谈吐要求 | |
| 38 | 2 | 1 | 1 | 3 | 表情要求 | |
| | 2 | 1 | 2 | | 美发师基本站立姿态、坐姿及走姿 | |
| 39 | 2 | 1 | 2 | 1 | 美发师的站姿 | |
| 40 | 2 | 1 | 2 | 2 | 美发师的坐姿 | |
| 41 | 2 | 1 | 2 | 3 | 美发师的走姿 | |
| | 2 | 1 | 3 | | 美发师的日常言谈礼仪 | |
| 42 | 2 | 1 | 3 | 1 | 言谈礼仪 | |
| 43 | 2 | 1 | 3 | 2 | 讲究聆听的艺术 | |
| | 2 | 1 | 4 | | 美发师的交谈的技巧 | |
| 44 | 2 | 1 | 4 | 1 | 与顾客交谈的技巧 | |
| | 2 | 1 | 5 | | 美发师的常用服务用语 | |
| 45 | 2 | 1 | 5 | 1 | 美发工作中常用的服务用语 | |
| | 2 | 1 | 6 | | 话题的选择 | |

续表

| 职业（工种）名称 | | | | 美发师 | 等级 | 五级 |
|---|---|---|---|---|---|---|
| 职业代码 | | | | | | |
| 序号 | 鉴定点代码 | | | | 鉴定点内容 | 备注 |
| | 章 | 节 | 目 | 点 | | |
| 46 | 2 | 1 | 6 | 1 | 与顾客交流话题的选择 | |
| | 2 | 1 | 7 | | 美发服务基本流程 | |
| 47 | 2 | 1 | 7 | 1 | 接待服务 | |
| 48 | 2 | 1 | 7 | 2 | 入座奉茶 | |
| 49 | 2 | 1 | 7 | 3 | 美发服务 | |
| 50 | 2 | 1 | 7 | 4 | 送客出门 | |
| 51 | 2 | 1 | 7 | 5 | 服务流程中的注意事项 | |
| | 2 | 2 | | | 服务介绍 | |
| | 2 | 2 | 1 | | 美发服务介绍 | |
| 52 | 2 | 2 | 1 | 1 | 美发服务项目的分类 | |
| 53 | 2 | 2 | 1 | 2 | 男式美发项目的内容 | |
| 54 | 2 | 2 | 1 | 3 | 女式美发项目的内容 | |
| | 2 | 2 | 2 | | 美发服务价格和定价方法 | |
| 55 | 2 | 2 | 2 | 1 | 价格在美发服务中的作用 | |
| 56 | 2 | 2 | 2 | 2 | 美发服务的价格构成 | |
| 57 | 2 | 2 | 2 | 3 | 影响服务定价的因素 | |
| | 2 | 2 | 3 | | 男式美发服务程序 | |
| 58 | 2 | 2 | 3 | 1 | 准备阶段 | |
| 59 | 2 | 2 | 3 | 2 | 洗发阶段 | |
| 60 | 2 | 2 | 3 | 3 | 推剪阶段 | |
| 61 | 2 | 2 | 3 | 4 | 剃须和修面阶段 | |
| 62 | 2 | 2 | 3 | 5 | 吹风定型阶段 | |
| | 2 | 2 | 4 | | 女式美发服务程序 | |
| 63 | 2 | 2 | 4 | 1 | 女式美发服务程序的内容 | |
| 64 | 2 | 2 | 4 | 2 | 女式剪发的质量标准 | |
| | 3 | | | | 洗发、按摩 | |

续表

| 序号 | 鉴定点代码 |  |  |  | 鉴定点内容 | 备注 |
|------|------|------|------|------|------|------|
| | 章 | 节 | 目 | 点 | | |
| | 3 | 1 | | | 洗发 | |
| | 3 | 1 | 1 | | 发质的识别与分类 | |
| 65 | 3 | 1 | 1 | 1 | 发质的识别与分类 | |
| | 3 | 1 | 2 | | 各类洗发用品的特性 | |
| 66 | 3 | 1 | 2 | 1 | 日常洗发用品的特性 | |
| 67 | 3 | 1 | 2 | 2 | 专业洗发用品的特性 | |
| | 3 | 1 | 3 | | 水与头发 | |
| 68 | 3 | 1 | 3 | 1 | 水与头发的关系 | |
| | 3 | 1 | 4 | | 头发护理的常识 | |
| 69 | 3 | 1 | 4 | 1 | 各种发质的护理方法 | |
| 70 | 3 | 1 | 4 | 2 | 护发用品的种类、作用及选用 | |
| | 3 | 1 | 5 | | 洗发操作的要求 | |
| 71 | 3 | 1 | 5 | 1 | 洗发操作的质量标准 | |
| | 3 | 1 | 6 | | 坐洗 | |
| 72 | 3 | 1 | 6 | 1 | 坐洗的操作程序 | |
| | 3 | 1 | 7 | | 仰洗 | |
| 73 | 3 | 1 | 7 | 1 | 仰洗的操作程序 | |
| | 3 | 1 | 8 | | 洗发止痒的操作 | |
| 74 | 3 | 1 | 8 | 1 | 洗发止痒的方法 | |
| | 3 | 1 | 9 | | 洗发前的梳、刷头发 | |
| 75 | 3 | 1 | 9 | 1 | 洗发前的梳、刷、箆、抖、掸 | |
| | 3 | 2 | | | 头部、面部及肩颈部按摩 | |
| | 3 | 2 | 1 | | 头部、面部及肩颈部按摩知识 | |
| 76 | 3 | 2 | 1 | 1 | 美发行业按摩的作用 | |
| 77 | 3 | 2 | 1 | 2 | 头部、面部及肩颈部按摩的常用手法 | |
| 78 | 3 | 2 | 1 | 3 | 头部、面部及肩颈部按摩的操作技巧 | |

| 职业（工种）名称 | | | | 美发师 | 等级 | 五级 |
|---|---|---|---|---|---|---|
| 职业代码 | | | | | | |
| 序号 | 鉴定点代码 | | | | 鉴定点内容 | 备注 |
| | 章 | 节 | 目 | 点 | | |
| | 3 | 2 | 2 | | 头部、面部及肩颈部按摩的经络、穴位和操作方法 | |
| 79 | 3 | 2 | 2 | 1 | 头部按摩中的经络、穴位 | |
| 80 | 3 | 2 | 2 | 2 | 面部按摩中的经络、穴位 | |
| 81 | 3 | 2 | 2 | 3 | 肩颈部按摩中的经络、穴位 | |
| | 4 | | | | 发型制作 | |
| | 4 | 1 | | | 修剪 | |
| | 4 | 1 | 1 | | 电推剪操作的基本方法 | |
| 82 | 4 | 1 | 1 | 1 | 基本动作的训练 | |
| 83 | 4 | 1 | 1 | 2 | 电推剪的使用方法 | |
| 84 | 4 | 1 | 1 | 3 | 电推剪的操作训练方法 | |
| | 4 | 1 | 2 | | 剪刀操作的基本方法 | |
| 85 | 4 | 1 | 2 | 1 | 剪刀使用的基本方法 | |
| | 4 | 1 | 3 | | 牙剪操作的基本方法 | |
| 86 | 4 | 1 | 3 | 1 | 牙剪使用的基本方法 | |
| | 4 | 1 | 4 | | 男式基本发式的分类 | |
| 87 | 4 | 1 | 4 | 1 | 发型 | |
| 88 | 4 | 1 | 4 | 2 | 短发类 | |
| 89 | 4 | 1 | 4 | 3 | 长发类 | |
| | 4 | 1 | 5 | | 三部三线的位置及关系 | |
| 90 | 4 | 1 | 5 | 1 | 三部的位置及关系 | |
| 91 | 4 | 1 | 5 | 2 | 三线的位置及关系 | |
| | 4 | 1 | 6 | | 三部三线位置变化的关系 | |
| 92 | 4 | 1 | 6 | 1 | 各种发式轮廓线的位置变化 | |
| 93 | 4 | 1 | 6 | 2 | 基线的位置变化 | |
| | 4 | 1 | 7 | | 生理特征对发式轮廓线与基线位置的影响 | |
| 94 | 4 | 1 | 7 | 1 | 发际线高低对轮廓线基线的影响 | |

| 序号 | 鉴定点代码 | | | | 鉴定点内容 | 备注 |
|---|---|---|---|---|---|---|
| | 章 | 节 | 目 | 点 | | |
| 95 | 4 | 1 | 7 | 2 | 头发生长的疏密对轮廓线、基线位置的影响 | |
| 96 | 4 | 1 | 7 | 3 | 颈部胖瘦对基线的影响 | |
| 97 | 4 | 1 | 7 | 4 | 轮廓线与基线的关系 | |
| | 4 | 1 | 8 | | 男式有色调发式推剪的质量标准 | |
| 98 | 4 | 1 | 8 | 1 | 色调均匀、两边相等 | |
| 99 | 4 | 1 | 8 | 2 | 轮廓齐圆、厚薄均匀 | |
| 100 | 4 | 1 | 8 | 3 | 高低适度、前后相称 | |
| | 4 | 1 | 9 | | 男式长发类有色调发式推剪 | |
| 101 | 4 | 1 | 9 | 1 | 鬓角的处理 | |
| 102 | 4 | 1 | 9 | 2 | 耳上的处理 | |
| 103 | 4 | 1 | 9 | 3 | 对中部轮廓及色调的处理 | |
| 104 | 4 | 1 | 9 | 4 | 枕骨部分的处理 | |
| 105 | 4 | 1 | 9 | 5 | 颈后的处理 | |
| 106 | 4 | 1 | 9 | 6 | 后脑中部的处理 | |
| | 4 | 1 | 10 | | 男式长发类有色调发式修剪 | |
| 107 | 4 | 1 | 10 | 1 | 修剪层次 | |
| 108 | 4 | 1 | 10 | 2 | 修饰轮廓 | |
| 109 | 4 | 1 | 10 | 3 | 修饰色调 | |
| 110 | 4 | 1 | 10 | 4 | 调整发量 | |
| | 4 | 1 | 11 | | 男式短发类有色调发式推剪 | |
| 111 | 4 | 1 | 11 | 1 | 推剪顶部 | |
| 112 | 4 | 1 | 11 | 2 | 推剪周围轮廓 | |
| | 4 | 2 | | | 女式短发修剪 | |
| | 4 | 2 | 1 | | 女式基本发型的分类 | |
| 113 | 4 | 2 | 1 | 1 | 按留发长短分类 | |
| | 4 | 2 | 2 | | 按头发的曲直条件和不同的操作方法分类 | |

职业（工种）名称　美发师　等级　五级
职业代码

续表

| 序号 | 鉴定点代码 | | | | 鉴定点内容 | 备注 |
|---|---|---|---|---|---|---|
| | 职业（工种）名称 | | 美发师 | | 等级 | 五级 |
| | 职业代码 | | | | | |
| | 章 | 节 | 目 | 点 | | |
| 114 | 4 | 2 | 2 | 1 | 直发类发型 | |
| 115 | 4 | 2 | 2 | 2 | 卷发类发型 | |
| 116 | 4 | 2 | 2 | 3 | 盘（束）发类发型 | |
| | 4 | 2 | 3 | | 剪刀操作的基本方法 | |
| 117 | 4 | 2 | 3 | 1 | 夹剪的使用 | |
| 118 | 4 | 2 | 3 | 2 | 夹剪的操作技巧 | |
| 119 | 4 | 2 | 3 | 3 | 内外斜剪与层次的关系 | |
| 120 | 4 | 2 | 3 | 4 | 头发提拉角度与层次的关系 | |
| 121 | 4 | 2 | 3 | 5 | 挑剪的操作技巧 | |
| 122 | 4 | 2 | 3 | 6 | 抓剪的操作技巧 | |
| 123 | 4 | 2 | 3 | 7 | 削剪的操作技巧 | |
| 124 | 4 | 2 | 3 | 8 | 锯齿剪的操作技巧 | |
| 125 | 4 | 2 | 3 | 9 | 托剪、刀尖剪和悬空剪的操作方法 | |
| | 4 | 2 | 4 | | 女式短发修剪的操作程序 | |
| 126 | 4 | 2 | 4 | 1 | 分发区，设定导线和修剪导线 | |
| 127 | 4 | 2 | 4 | 2 | 延伸导线，逐层修剪 | |
| 128 | 4 | 2 | 4 | 3 | 调整厚薄，修饰定型 | |
| | 4 | 2 | 5 | | 剪发的基本层次 | |
| 129 | 4 | 2 | 5 | 1 | 零度层次 | |
| 130 | 4 | 2 | 5 | 2 | 低层次 | |
| 131 | 4 | 2 | 5 | 3 | 高层次 | |
| 132 | 4 | 2 | 5 | 4 | 均等层次 | |
| | 4 | 2 | 6 | | 平直线的修剪方法 | |
| 133 | 4 | 2 | 6 | 1 | 修剪导线 | |
| 134 | 4 | 2 | 6 | 2 | 延伸导线，分区修剪 | |
| 135 | 4 | 2 | 6 | 3 | 检查修饰，定型 | |

续表

| 序号 | 鉴定点代码 | | | | 鉴定点内容 | 备注 |
|------|------|------|------|------|------|------|
| | 章 | 节 | 目 | 点 | | |
| | 4 | 2 | 7 | | 斜向前线的修剪方法 | |
| 136 | 4 | 2 | 7 | 1 | 修剪导线 | |
| 137 | 4 | 2 | 7 | 2 | 延伸导线，分区修剪 | |
| 138 | 4 | 2 | 7 | 3 | 检查修饰，定型 | |
| | 4 | 2 | 8 | | 斜向后形线的修剪方法 | |
| 139 | 4 | 2 | 8 | 1 | 修剪导线 | |
| 140 | 4 | 2 | 8 | 2 | 延伸导线，分区修剪 | |
| 141 | 4 | 2 | 8 | 3 | 检查修饰，定型 | |
| | 4 | 2 | 9 | | 女式短发四款发式的概念 | |
| 142 | 4 | 2 | 9 | 1 | 长方形轮廓（固体型层次）发式的基本概念 | |
| 143 | 4 | 2 | 9 | 2 | 球形轮廓（均等层次）发式的基本概念 | |
| 144 | 4 | 2 | 9 | 3 | 菱形轮廓（边沿层次）发式的基本概念 | |
| 145 | 4 | 2 | 9 | 4 | 椭圆形轮廓（渐增层次）发式的基本概念 | |
| | 4 | 2 | 10 | | 注意事项 | |
| 146 | 4 | 2 | 10 | 1 | 女式短发修剪的注意事项 | |
| | 4 | 3 | | | 烫发 | |
| | 4 | 3 | 1 | | 烫发工具、用品的种类和用途 | |
| 147 | 4 | 3 | 1 | 1 | 尖尾梳、烫发杠 | |
| 148 | 4 | 3 | 1 | 2 | 烫发衬纸、带垫盆、塑料帽、烫发专用围布 | |
| 149 | 4 | 3 | 1 | 3 | 烫发加热机、干毛巾、定位夹 | |
| 150 | 4 | 3 | 1 | 4 | 陶瓷烫发器、热能烫用品、电钳烫 | |
| 151 | 4 | 3 | 1 | 5 | 插针、离子烫夹板、烫发工具车 | |
| | 4 | 3 | 2 | | 烫发剂的分类、性能 | |
| 152 | 4 | 3 | 2 | 1 | 烫发剂的分类 | |
| | 4 | 3 | 3 | | 冷烫精的性能、特点 | |
| 153 | 4 | 3 | 3 | 1 | 碱性冷烫精 | |

| 职业（工种）名称 | | | | 美发师 | 等级 | 五级 |
|---|---|---|---|---|---|---|
| 职业代码 | | | | | | |
| 序号 | 鉴定点代码 | | | | 鉴定点内容 | 备注 |
| | 章 | 节 | 目 | 点 | | |
| 154 | 4 | 3 | 3 | 2 | 微碱性冷烫精 | |
| 155 | 4 | 3 | 3 | 3 | 酸性冷烫精 | |
| | 4 | 3 | 4 | | 烫发剂的原理 | |
| 156 | 4 | 3 | 4 | 1 | 烫发剂的化学原理 | |
| | 4 | 3 | 5 | | 卷杠 | |
| 157 | 4 | 3 | 5 | 1 | 卷杠的概念、作用 | |
| 158 | 4 | 3 | 5 | 2 | 卷杠与基面、等基面 | |
| 159 | 4 | 3 | 5 | 3 | 烫发衬纸的使用方法 | |
| 160 | 4 | 3 | 5 | 4 | 卷杠的质量标准 | |
| 161 | 4 | 3 | 5 | 5 | 卷杠操作的注意事项 | |
| | 4 | 3 | 6 | | 烫发操作 | |
| 162 | 4 | 3 | 6 | 1 | 烫发的质量标准 | |
| 163 | 4 | 3 | 6 | 2 | 不同发型烫发杠的选择 | |
| 164 | 4 | 3 | 6 | 3 | 不同发质烫发剂的选择 | |
| 165 | 4 | 3 | 6 | 4 | 涂第一剂 | |
| | 4 | 3 | 7 | | 烫发卷曲度不够的原因及补救措施 | |
| 166 | 4 | 3 | 7 | 1 | 烫发时造成不易烫卷的原因 | |
| 167 | 4 | 3 | 7 | 2 | 烫发失败原因及补救 | |
| | 4 | 3 | 8 | | 离子烫的操作方法 | |
| 168 | 4 | 3 | 8 | 1 | 离子烫的种类 | |
| 169 | 4 | 3 | 8 | 2 | 离子烫的质量标准 | |
| 170 | 4 | 3 | 8 | 3 | 离子烫操作的注意事项 | |
| | 4 | 4 | | | 吹风梳理 | |
| | 4 | 4 | 1 | | 吹风的作用 | |
| 171 | 4 | 4 | 1 | 1 | 发型吹风的作用 | |
| 172 | 4 | 4 | 1 | 2 | 吹风操作中的专用名称及术语 | |

续表

| 职业（工种）名称 | | | | 美发师 | 等级 | 五级 |
|---|---|---|---|---|---|---|
| 职业代码 | | | | | | |
| 序号 | 鉴定点代码 | | | | 鉴定点内容 | 备注 |
| | 章 | 节 | 目 | 点 | | |
| | 4 | 4 | 2 | | 吹风操作的基本方法 | |
| 173 | 4 | 4 | 2 | 1 | 压 | |
| 174 | 4 | 4 | 2 | 2 | 别 | |
| 175 | 4 | 4 | 2 | 3 | 挑 | |
| 176 | 4 | 4 | 2 | 4 | 拉 | |
| 177 | 4 | 4 | 2 | 5 | 推 | |
| | 4 | 4 | 3 | | 吹风机的操作技巧 | |
| 178 | 4 | 4 | 3 | 1 | 吹风机与头皮的角度 | |
| 179 | 4 | 4 | 3 | 2 | 吹风机与头皮的距离 | |
| 180 | 4 | 4 | 3 | 3 | 吹风机操作的时间 | |
| | 4 | 4 | 4 | | 男式吹风 | |
| 181 | 4 | 4 | 4 | 1 | 吹风前的准备工作 | |
| 182 | 4 | 4 | 4 | 2 | 头路的位置 | |
| 183 | 4 | 4 | 4 | 3 | 分头路的方法 | |
| 184 | 4 | 4 | 4 | 4 | 吹风梳理的操作程序 | |
| 185 | 4 | 4 | 4 | 5 | 压头路、吹头路轮廓、吹小边、吹后脑轮廓线 | |
| 186 | 4 | 4 | 4 | 6 | 吹顶部 | |
| 187 | 4 | 4 | 4 | 7 | 吹梳前额、四周轮廓及检查与梳理 | |
| 188 | 4 | 4 | 4 | 8 | 吹波浪 | |
| | 4 | 4 | 5 | | 男式吹风梳理的质量标准 | |
| 189 | 4 | 4 | 5 | 1 | 轮廓齐圆、饱满自然 | |
| 190 | 4 | 4 | 5 | 2 | 头缝明显整齐，纹理清楚不乱 | |
| 191 | 4 | 4 | 5 | 3 | 周围平伏，顶部有弧形感 | |
| 192 | 4 | 4 | 5 | 4 | 不痛不焦，发式持久 | |
| | 4 | 4 | 6 | | 男式发型吹风梳理的操作方法 | |
| 193 | 4 | 4 | 6 | 1 | 压头缝 | |

| 职业（工种）名称 | | | | 美发师 | 等级 | 五级 |
|---|---|---|---|---|---|---|
| 职业代码 | | | | | | |
| 序号 | 鉴定点代码 | | | | 鉴定点内容 | 备注 |
| | 章 | 节 | 目 | 点 | | |
| 194 | 4 | 4 | 6 | 2 | 吹头缝轮廓 | |
| 195 | 4 | 4 | 6 | 3 | 吹小边 | |
| 196 | 4 | 4 | 6 | 4 | 吹顶部 | |
| 197 | 4 | 4 | 6 | 5 | 吹大边侧顶部 | |
| 198 | 4 | 4 | 6 | 6 | 吹前额 | |
| | 4 | 4 | 7 | | 女式吹风操作中刷子使用的基本方法 | |
| 199 | 4 | 4 | 7 | 1 | 拉法 | |
| 200 | 4 | 4 | 7 | 2 | 别法 | |
| 201 | 4 | 4 | 7 | 3 | 旋转法（又称滚刷） | |
| 202 | 4 | 4 | 7 | 4 | 平刷法、拉刷法、翻刷法 | |
| | 4 | 4 | 8 | | 女式吹风梳理的标准、程序和注意事项 | |
| 203 | 4 | 4 | 8 | 1 | 女式吹风梳理的质量标准 | |
| 204 | 4 | 4 | 8 | 2 | 女式短发吹风梳理的程序 | |
| 205 | 4 | 4 | 8 | 3 | 女式短发吹风梳理的注意事项 | |
| | 4 | 4 | 9 | | 吹风梳理的造型知识 | |
| 206 | 4 | 4 | 9 | 1 | 脸型的分类和特点 | |
| 207 | 4 | 4 | 9 | 2 | 头型的分类和特征 | |
| 208 | 4 | 4 | 9 | 3 | 发式造型的手法 | |
| 209 | 4 | 4 | 9 | 4 | 发型与脸型的配合方法 | |
| | 5 | | | | 染发与护发 | |
| | 5 | 1 | | | 染发剂知识 | |
| | 5 | 1 | 1 | | 染发操作的工具、用品的种类、用途 | |
| 210 | 5 | 1 | 1 | 1 | 调色碗、试剂秤、染发手套 | |
| 211 | 5 | 1 | 1 | 2 | 工作服、毛巾、护耳套 | |
| 212 | 5 | 1 | 1 | 3 | 染发围布、计时器、夹子 | |
| 213 | 5 | 1 | 1 | 4 | 染发刷、染膏、双氧乳、锡纸 | |

| 序号 | 章 | 节 | 目 | 点 | 鉴定点内容 | 备注 |
|---|---|---|---|---|---|---|
| | 5 | 1 | 2 | | 染发剂的种类、形态 | |
| 214 | 5 | 1 | 2 | 1 | 染发剂的种类 | |
| 215 | 5 | 1 | 2 | 2 | 染发剂的形态 | |
| | 5 | 1 | 3 | | 化学原理 | |
| 216 | 5 | 1 | 3 | 1 | 染发剂的原理 | |
| | 5 | 2 | | | 白发染黑 | |
| | 5 | 2 | 1 | | 染发相关的术语 | |
| 217 | 5 | 2 | 1 | 1 | 染色、色度、色调、基色 | |
| 218 | 5 | 2 | 1 | 2 | 目标色、同度染、染浅、染深 | |
| 219 | 5 | 2 | 1 | 3 | 乳化、漂色、原生发、原发色、配色 | |
| | 5 | 2 | 2 | | 白发染黑的程序 | |
| 220 | 5 | 2 | 2 | 1 | 沟通 | |
| 221 | 5 | 2 | 2 | 2 | 头发、头皮分析 | |
| 222 | 5 | 2 | 2 | 3 | 皮肤过敏测试 | |
| 223 | 5 | 2 | 2 | 4 | 发束检验 | |
| 224 | 5 | 2 | 2 | 5 | 在做白发染黑之前 | |
| | 5 | 2 | 3 | | 白发染黑的操作程序 | |
| 225 | 6 | 2 | 3 | 1 | 围围布 | |
| 226 | 5 | 2 | 3 | 2 | 染发前的准备工作 | |
| 227 | 5 | 2 | 3 | 3 | 涂放染发剂 | |
| 228 | 5 | 2 | 3 | 4 | 发束检验、乳化 | |
| | 5 | 2 | 4 | | 注意事项 | |
| 229 | 5 | 2 | 4 | 1 | 染发操作的注意事项 | |
| | 5 | 3 | | | 护发 | |
| | 5 | 3 | 1 | | 护发产品的分类 | |
| 230 | 5 | 3 | 1 | 1 | 护发素的分类 | |

| 职业（工种）名称 | | | | 美发师 | 等级 | 五级 |
|---|---|---|---|---|---|---|
| 职业代码 | | | | | | |
| 序号 | 鉴定点代码 | | | | 鉴定点内容 | 备注 |
| | 章 | 节 | 目 | 点 | | |
| 231 | 5 | 3 | 1 | 2 | 加热类焗油护理产品的分类 | |
| 232 | 5 | 3 | 1 | 3 | 免加热类焗油护理产品的分类 | |
| | 5 | 3 | 2 | | 护发产品的主要成分及性能 | |
| 233 | 5 | 3 | 2 | 1 | 护发素 | |
| 234 | 5 | 3 | 2 | 2 | 加热类焗油 | |
| 235 | 5 | 3 | 2 | 3 | 免加热类焗油 | |
| | 5 | 3 | 3 | | 用途 | |
| 236 | 5 | 3 | 3 | 1 | 护发产品的用途 | |
| | 5 | 3 | 4 | | 根据不同的发质选择相应的护发产品 | |
| 237 | 5 | 3 | 4 | 1 | 正常发质 | |
| 238 | 5 | 3 | 4 | 2 | 脆弱或受损发质 | |
| 239 | 5 | 3 | 4 | 3 | 极度受损发质 | |
| | 5 | 3 | 5 | | 护发操作 | |
| 240 | 5 | 3 | 5 | 1 | 护发操作的程序 | |
| 241 | 5 | 3 | 5 | 2 | 护发操作的注意事项 | |

# 第 3 部分

# 理论知识复习题

## 工器具及环境准备

**一、判断题**（将判断结果填入括号中。正确的填"√"，错误的填"×"）

1. 剪刀又称美容剪，是剪发的特殊工具。　　　　　　　　　　　（　　）

2. 剪刀主要用于修剪头发的层次和轮廓线。　　　　　　　　　　（　　）

3. 粉扑是将干爽粉涂抹于颈部的专用工具。　　　　　　　　　　（　　）

4. 固定刀刃式剃刀由半钢钢材制成。　　　　　　　　　　　　　（　　）

5. 剃刀的作用主要是修剃脸部的胡须和汗毛。　　　　　　　　　（　　）

6. 香皂皂沫可均匀涂透胡须根部。　　　　　　　　　　　　　　（　　）

7. 小吹风机共分为有声吹风机和无声吹风机两类。　　　　　　　（　　）

8. 有声吹风机功率大，风力较强，吹风时不会损伤头发。　　　　（　　）

9. 梳刷类工具是修剪、吹风造型的主要工具。　　　　　　　　　（　　）

10. 发刷中主要有排骨刷、滚刷、钢丝发刷、九行刷和掸刷等。　（　　）

11. 薄型小抄梳主要用于推剪色调时配合电推剪进行操作。　　　（　　）

12. 每天工作结束后，电推剪要用机油洗涤。　　　　　　　　　（　　）

13. 优良的剪刀是用不锈钢制成的。　　　　　　　　　　　　　（　　）

14. 每天工作结束后，剃刀要仔细地擦几遍。　　　　　　　　　（　　）

15. 剃刀使用后要注意随时将刀口合上。　　　　　　　　　　　（　　）

16. 对小吹风机上的发胶等美发化学物品的残留物，可用浓度为75％的酒精棉球擦拭。

（　）

17. 酒精消毒法是将清洗干净的美发工具放入浓度为55％的酒精中浸泡。（　）

18. 美发工具可用浓度为3％的来苏尔溶液进行浸泡消毒。（　）

19. 毛巾消毒的常用方法有煮沸消毒法、烘烤消毒法和蒸气消毒法三种。（　）

20. 电推剪不工作，可能是电线接头松脱或电线断裂造成的。（　）

21. 小吹风机转速不正常，转速加快，其原因是转子绕组部分短路。（　）

22. 常用洗发类用品主要是指洗发香波和护发素。（　）

23. 毛鳞片修复液为无油型护发用品，形态为透明乳胶状，无色。（　）

24. 焗油膏按其功能可分为直发焗油膏、卷发焗油膏、营养焗油膏等几种。（　）

25. 发胶的种类较多，有无色的、单色的、七彩的多种。（　）

26. 冷烫剂分为碱性、微碱性、酸性和弱酸性四大类。（　）

27. 染发剂按成分可分为植物型、金属型、塑料型和渗透型四类。（　）

28. 洗发类用品的作用是清洁和去除头发表面的污垢、油脂、灰尘、头皮屑。（　）

29. 理想的洗发香波一般具有低泡、高效、强碱性、去污力强、无刺激、易于冲洗等特点。

（　）

30. 护发水能滋润头发，防止头发干枯并去除头屑。（　）

31. 发胶具有黏度，便于头发造型，并可以保持头发一定的柔软度。（　）

32. 染发剂是将人工色素加在头发上，改变头发原来的颜色。（　）

33. 剪发专用围布以深色为多，以区别于其他围布，更专业、卫生。（　）

34. 洗发专用围布应具备防水功效。（　）

35. 毛巾洗净拧干后应放入蒸箱内，经过20～30 min的消毒，才能使用。（　）

36. 室外环境卫生是指与美发经营相关的公共建筑、公共设施、绿化、室外场地等的卫生情况。

（　）

37. 美发厅的空气要有轻微的流动，才会使人感到舒适。（　）

38. 美发厅必须合理布置灯具，使被照面上的照度均匀。（　）

39. 美发厅的接待区域一般选用白炽灯，既发挥装饰作用，又能保证足够的照度。

（　）

40. 冷色调会产生一种使人抗拒和压抑的气氛。 （  ）

41. 美发厅的橱窗内要经常进行清洁，保持陈列物品的整齐、清洁。 （  ）

42. 美发厅的大理石上有污迹的，要用洗洁精和热水擦洗。 （  ）

**二、单项选择题（选择一个正确的答案，将相应的字母填入题内的括号中）**

1. 剪发工具中的牙剪又称（  ）。

 A. 半钢剪  B. 全钢剪  C. 锯齿剪  D. 不锈钢剪

2. 牙剪起着（  ）、制造层次和色调的作用。

 A. 减少发量  B. 修剪色调  C. 增加发量  D. 以上答案均不正确

3. 修剪头发时用（  ），可使头发湿润，便于修剪。

 A. 喷水壶  B. 发夹  C. 剪刀  D. 发梳

4. 顾客可以通过后视镜来观察（  ）发型的效果。

 A. 左侧  B. 右侧  C. 后枕部  D. 前额部

5. 固定刀刃式剃刀是由优质（  ）制成的。

 A. 半钢钢材  B. 铜材  C. 钢材  D. 不锈钢

6. （  ）是收集剃须时剃下的胡须和皂沫的容器。

 A. 橡皮碗  B. 掸刷  C. 粉扑  D. 胡刷

7. 小吹风机是（  ）的必备工具。

 A. 梳辫造型  B. 修剪造型  C. 吹风造型  D. 染发造型

8. 无声吹风机噪声小、风量弱、热量集中，是（  ）后发式定型的重要工具。

 A. 吹风梳理  B. 修剪梳理  C. 染发梳理  D. 盘发梳理

9. 无声吹风机的功率一般在（  ）W 左右。

 A. 1 500  B. 1 000  C. 450  D. 400

10. 发梳主要包括大号发梳、中号发梳和（  ）三类。

 A. 小抄梳  B. 大抄梳  C. 挑针梳  D. 排骨梳

11. （  ）主要用于梳理波浪式发型和束发造型。

 A. 九行刷  B. 滚刷  C. 排骨刷  D. 钢丝发刷

12. 洗涤电推剪时，注意不要将电推剪的（  ）浸入煤油中。

A. 开关处　　　　B. 整个头部　　　　C. 尾部　　　　D. 插头

13. 每天工作结束时，剪刀要用柔软的干布擦干净，再滴些（　　）。

A. 汽油　　　　B. 煤油　　　　C. 柴油　　　　D. 润滑油

14. 将剪刀的两片刀片合拢，剪刀刀口两面锋刃（　　）而无缺伤的，就符合标准。

A. 光亮　　　　B. 光滑　　　　C. 平整　　　　D. 整齐

15. 平时要经常检查小吹风机的（　　）是否磨损破裂。

A. 开关　　　　B. 电源插头　　　　C. 电线　　　　D. 马达风叶

16. 小吹风机的转子轴心要（　　）加油，以保证其正常运转。

A. 每天　　　　B. 定期　　　　C. 少　　　　D. 以上答案均不正确

17. 消毒美发工具可用浓度为（　　）的酒精棉球擦拭。

A. 25%　　　　B. 50%　　　　C. 75%　　　　D. 95%

18. 普通煮沸消毒是将洗净的毛巾拧干后直接放入沸水中煮（　　）min，以达到消毒要求。

A. 20　　　　B. 15　　　　C. 10　　　　D. 5

19. 电推剪在使用时发生漏发，原因是操作时电推剪移动（　　），或上下齿板局部松齿所致。

A. 范围太大　　　　　　　　B. 范围太小

C. 速度太快　　　　　　　　D. 速度太慢

20. 电推剪在使用过程中突然发出噪声或颤动声太大，原因是（　　）太松。

A. 弯脚螺钉　　　　B. 压脚螺钉　　　　C. 盖板螺钉　　　　D. 刀板螺钉

21. 小吹风机没有热风，可能是热风开关失灵或（　　）。

A. 电热丝烧断　　　　B. 电热丝过长　　　　C. 电热丝过短　　　　D. 电热丝太细

22. 常用护发素的形状一般为（　　），颜色各异，香型不一。

A. 块状　　　　B. 膏状　　　　C. 乳液状　　　　D. 粉状

23. 啫喱按功能可分为防晒型、（　　）、保湿型、特硬型四类。

A. 护发型　　　　B. 营养型　　　　C. 柔顺型　　　　D. 滑爽型

24. 碱性冷烫精的主要成分是硫化乙醇酸，pH 值在（　　）以上。

A. 6　　　　　　　B. 8　　　　　　　C. 9　　　　　　　D. 10

25. 中和剂的主要成分是（　　）或溴化钠。

　　A. 硫化乙醇酸　　　B. 碳酸氢铵　　　C. 碳酸铵　　　D. 过氧化氢

26. 染发剂是由第一剂染膏和第二剂（　　）组成。

　　A. 双氧水　　　　B. 双氧乳　　　　C. 双氧胶　　　　D. 以上答案均不正确

27. 理想的洗发香波泡沫丰富、去污力强、（　　）、易于冲洗。

　　A. 呈碱性　　　　B. 呈酸性　　　　C. 无刺激　　　　D. 无副作用

28. 发油能恢复头发的光泽和柔软，防止头发过分（　　），可以滋润和保养头发。

　　A. 发白　　　　　B. 发毛　　　　　C. 脱落　　　　　D. 干枯

29. 发胶均匀地喷洒于发型上，可在发型的表面形成一层（　　），保持发型的形态。

　　A. 灰色膜　　　　B. 薄膜　　　　　C. 玻璃膜　　　　D. 透明膜

30. 啫喱水（膏）可以使头发增加营养，健康亮泽，保持（　　）。

　　A. 弹性　　　　　B. 柔软　　　　　C. 湿润　　　　　D. 光亮

31. 酸性冷烫精属于（　　）冷烫精，对头发起到保护作用。

　　A. 普通　　　　　B. 中档　　　　　C. 中高档　　　　D. 高档

32. 染发专用围布的布质涂有一层（　　），通气防水，可防止顾客衣物受到污染。

　　A. 塑胶　　　　　B. 塑料　　　　　C. 油脂　　　　　D. 专用涂料

33. 将洗净拧干后的毛巾放入沸水中煮 15～20 min，温度达到（　　）℃以上，即能达到消毒的要求。

　　A. 70　　　　　　B. 80　　　　　　C. 90　　　　　　D. 100

34. 美发厅的室内环境卫生是指美发厅建筑、设施内的（　　）、照明、声响、色彩等环境卫生要求。

　　A. 空气　　　　　B. 氧气　　　　　C. 二氧化碳　　　D. 氢气

35. 美发厅室外环境卫生的范围主要包括招牌、门面、（　　）、门口、绿化等。

　　A. 橱柜　　　　　B. 橱窗　　　　　C. 镜台　　　　　D. 路面

36. 空气洁净度是指洁净空间单位体积空气中，以大于或等于被考虑粒径的（　　）最大浓度限值进行划分的等级标准。

  A. 硫化物　　　　　　　　　　B. 可吸入颗粒物

  C. 二氧化硫　　　　　　　　　　D. 粒子

37. 美发操作区域一般选用（　　）照明比较多。

  A. 荧光灯　　　　B. 射灯　　　　C. 白炽灯　　　　D. 吊灯

38. 美发厅的色调基本偏向于（　　）。

  A. 深色调　　　　　　　　　　B. 浅色调

  C. 以上答案均正确　　　　　　D. 以上答案均不正确

39. 美发厅的铜制品招牌要用（　　）和水清洗，并擦干。

  A. 酸性洗涤液　　　　　　　　B. 碱性洗涤液

  C. 以上答案均正确　　　　　　D. 以上答案均不正确

## 接待服务

**一、判断题（将判断结果填入括号中。正确的填"√"，错误的填"×"）**

1. 美发师的工作服要新颖、时尚，并要勤洗、熨烫。（　　）

2. 美发师在与顾客交谈中要注意话题健康、客观。（　　）

3. 女美发师的正确站姿应该是左脚打开45°，右脚正对前方，呈"丁"字步。（　　）

4. 男美发师的正确站姿应该是两脚跟并拢，两脚尖张开80°，呈"V"字步。（　　）

5. 美发师坐下时双手应手心朝下相叠，或双手抱腿。（　　）

6. 美发师工作时的步子要轻、稳、灵活。（　　）

7. 美发师在与顾客言谈中不要提出使人觉得窘迫的问题。（　　）

8. 在社交场合中，要注意询问有关费用和钱财事宜的方式、方法。（　　）

9. 美发师如果与顾客同时开口时，要礼让说："对不起，您先讲。"（　　）

10. 美发师说话时的亲切态度，能缩短与顾客的距离。（　　）

11. 常用美发服务用语可分为问候、迎送、请托、致谢、征询、赞赏、祝贺、推托、道歉等用语。（　　）

12. 美发师在与顾客交流中，对于自己不懂的事情，别冒充内行。（　　）

13. 中、小型美发厅为节省费用一般不设专职接待员。（　　）

14. 一般美发厅均设迎宾服务员接待顾客。（　　）

15. 老顾客进门后，服务人员首先要问一下是不是要喝茶，然后再做美发指导。（　　）

16. 在了解了顾客的美发需求后，美发师要引导顾客就座，然后开始服务。（　　）

17. 美发服务结束后，要及时清扫场地并整理物品。（　　）

18. 美发操作时，美发师神情要专注，动作要轻快、活泼，使顾客感到轻松愉快。

（　　）

19. 顾客进门，美发师要热情接待，表示欢迎，若客多时要按先后次序安排顾客美发。

（　　）

20. 染发类服务项目有全染、局部染、片染、段染、挑染、过渡染等多项。（　　）

21. 男式修面操作是使用剃刀将脸上的汗毛剃干净。（　　）

22. 剪发时，美发师要根据顾客的要求以及顾客的自身条件，将头发修剪成长短一致的发式。（　　）

23. 价格是价值的货币表现，是货币规律作用的表现形式。（　　）

24. 美发服务价格＝费用＋税金＋利润。（　　）

25. 美发业的服务收费价格由成本、费用、税金、租金和利润构成。（　　）

26. 美发厅的女式美发比男式美发利润水平高一些，单项服务与全套服务利润水平差不多。（　　）

27. 在进行男式推剪前，如果顾客汗液较多，可在顾客的发式轮廓线周围扑爽身粉，便于修剪。（　　）

28. 洗发是保持头部清洁的一项专门技术。（　　）

29. 在洗发按揉头皮时，要在顾客颈部的穴位上进行适当按摩。（　　）

30. 在男式推剪基本结束后，应使用掸刷按顺序刷除碎发和头屑，以免落入颈内或散落在衣服上。（　　）

31. 在男式修面操作时应先剃胡须，后刮去脸上汗毛。（　　）

32. 吹风可将洗发后潮湿的头发吹干，并在发梳和发刷的配合下，把头发梳理成顾客所需要的发型。（　　）

33. 洗发、剪发和吹风的操作程序是：洗发→修剪发式→吹风梳理。 （ ）

34. 束发的操作程序是：洗发→盘束→烘干→束发操作。 （ ）

35. 女式剪发的质量标准要求为：头发从上到下应用弧线或曲线连接，没有脱节现象。
（ ）

36. 女式剪发的质量标准要求为：发式的轮廓与头部曲线相称，两侧与后部自然衔接，无脱节现象。 （ ）

**二、单项选择题**（选择一个正确的答案，将相应的字母填入题内的括号中）

1. 美发师上班时应统一穿着企业的（ ）。

A. 工作服 B. 礼仪服 C. 迎宾服 D. 西服

2. 美发师在与顾客交谈中要善于（ ），不随意打断他人谈话。

A. 沟通 B. 提问 C. 回答 D. 倾听

3. 微笑的基本要领是：放松面部表情肌肉，让嘴唇略呈（ ）。

A. 倒弧形 B. 弧形 C. 水平 D. 以上均正确

4. 美发师工作时应避免（ ）的长时间弯曲，两脚不要离的太远。

A. 腿骨 B. 股骨 C. 颈椎骨 D. 脊柱骨

5. 男美发师坐的时候（ ）可以稍稍分开，但不可以超过肩宽。

A. 膝盖 B. 两脚 C. 两腿 D. 两手

6. 美发师工作时的步伐与（ ）要相配合，形成有规律的节奏。

A. 手臂 B. 吐气 C. 呼吸 D. 小腿

7. 美发师在与顾客交谈时不要（ ），使对方没有插话的余地，要主动引导对方说话。

A. 趾高气扬 B. 空话连篇 C. 滔滔不绝 D. 以上答案均正确

8. 他人谈话时要仔细（ ），不可插话，这是对他人的尊重。

A. 聆听 B. 揣摩 C. 记录 D. 领悟

9. 美发师说话应（ ）而不啰唆，要用专业的措辞来获得顾客的信赖。

A. 简洁 B. 简单 C. 明确 D. 明朗

10. 标准的问候语应包含人称、时间、（ ）等要素。

A. 人物　　　　　B. 征询语　　　　　C. 致谢语　　　　　D. 问候语

11. 在与顾客交流中可以谈谈近期或未来（　　）的趋势。

A. 美发工作　　　B. 发型　　　　　C. 美发行业　　　　D. 服务工作

12. 一般大型美发厅专设（　　）接待顾客。

A. 美发师　　　　B. 领班　　　　　C. 助理　　　　　D. 迎宾服务员

13. 如顾客需要脱衣摘帽，美发师要主动为顾客服务，并将衣帽挂在（　　）。

A. 衣架上　　　　B. 椅背上　　　　C. 椅子上　　　　D. 沙发上

14. 洗发前先（　　）头发以免打结。

A. 修剪　　　　　B. 烫　　　　　　C. 梳通　　　　　D. 染

15. 头发冲洗完后，应为顾客包上干毛巾并做（　　）按摩。

A. 面部　　　　　B. 头部　　　　　C. 肩部　　　　　D. 颈部

16. 顾客（　　）时，要提醒顾客不要忘记随身物品。

A. 离店　　　　　B. 进店　　　　　C. 烫发　　　　　D. 染发

17. 美发操作完成后，要征求（　　）的意见，如有问题则再予以改进。

A. 美发师　　　　B. 助理　　　　　C. 经理　　　　　D. 顾客

18. 男式美发服务项目有剪发、洗头、选配假发、烫发、染发、（　　）、按摩、吹风梳理等多项。

A. 修面　　　　　B. 束发　　　　　C. 做花　　　　　D. 文眉

19. 美发业的按摩是一种（　　）按摩，通过按摩可以使顾客消除疲劳、振奋精神。

A. 穴位　　　　　B. 医疗　　　　　C. 保健　　　　　D. 休闲

20. 美发行业现在普遍应用的是（　　），即使用化学烫发液使头发的形态发生变化，达到卷曲的目的。

A. 水烫　　　　　B. 电热烫　　　　C. 热烫　　　　　D. 冷烫

21. 做花是烫发后在卷发的基础上进行（　　），通过烘发机将头发烘干后再梳理成各种式样的发型。

A. 卷盘　　　　　B. 卷发　　　　　C. 盘发　　　　　D. 盘束

22. 漂发是将头发里的色素部分退去，在头发中以剩下的颜色作为染色的（　　）。

A. 原色　　　　　　B. 辅助色　　　　　C. 目标色　　　　　D. 过渡色

23. 价格是价值的货币表现，是（　　　）作用的表现形式。

A. 资本规律　　　　B. 价格规律　　　　C. 价值规律　　　　D. 货币规律

24. 在男式推剪前，用（　　　）将头发按头发流向梳顺梳通，以便操作。

A. 尖尾梳　　　　　B. 大柄梳　　　　　C. 小抄梳　　　　　D. 九行梳

25. 洗发的质量与（　　　）有密切关系。

A. 按摩　　　　　　B. 修面　　　　　　C. 染发　　　　　　D. 吹风造型

26. 在男式推剪操作中，（　　　）用来修饰轮廓和调整层次。

A. 剪刀　　　　　　B. 电推剪　　　　　C. 牙剪　　　　　　D. 削刀

27. 男式修面操作的（　　　）刀锋非常脆薄，用过一次后，刀锋可能有轻微变形，刀口也容易钝。

A. 剪刀　　　　　　B. 牙剪　　　　　　C. 剃刀　　　　　　D. 电推剪

28. 在男式修面操作前，如使用换刃式工具，操作前要更换（　　　）刀片，这样可以使刀锋锋利，并保证卫生。

A. 牙剪　　　　　　B. 电推剪　　　　　C. 剪刀　　　　　　D. 剃刀

29. 美发服务完毕后，用（　　　）在顾客身后把后颈部的发式反照在正面的大镜子里，征求顾客意见。

A. 反光镜　　　　　B. 后视镜　　　　　C. 太阳镜　　　　　D. 墨镜

30. 女式剪发的质量标准要求为：（　　　）圆润，四周衔接。

A. 轮廓　　　　　　B. 层次　　　　　　C. 线条　　　　　　D. 两侧

## 洗发、按摩

**一、判断题**（将判断结果填入括号中。正确的填"√"，错误的填"×"）

1. 油性发质的头发比较健康，视觉上柔滑光亮，触摸时有柔顺感。　　　　　（　　　）

2. 日常洗发用品主要是指香波和护发素。　　　　　　　　　　　　　　　（　　　）

3. 防脱发洗发香波含有罗望子精华，可有效防止脱发，令头发更易梳理，充满自然光

泽。　　　　　　　　　　　　　　　　　　　　　　　　　　　（　　）

4. 头发沾上海水后应冲洗干净，否则，水分蒸发后留下的盐会在头发上形成积垢。

（　　）

5. 肥皂易在硬水中起泡，在软水中则不易起泡。　　　　　　　　（　　）

6. 受损发质护理时要使用碱性洗发液和酸性较弱的护发素。　　（　　）

7. 护发素是一种比较大众化的护发用品，它的 pH 值为 6～7，比头发的 pH 值略高。

（　　）

8. 焗油膏能够对因烫、染、漂发、过晒和不正当梳发脱落的表皮层鳞片起到修复填补的作用。　　　　　　　　　　　　　　　　　　　　　　　（　　）

9. 在洗发中正确、熟练地使用抓擦手法，可使顾客头部无大幅度的震动。（　　）

10. 冲洗操作时，美发师应站在顾客的正后方，调节好水温，一般以 40℃ 左右为宜。

（　　）

11. 冲洗顾客头发时要掌握好喷水角度，莲蓬头始终与头发呈直角的方向冲洗。（　　）

12. 头皮痒是由于灰尘、微生物、分泌物等作用而产生的。　　　（　　）

13. 洗发前先要经过一个细致的梳、刷、篦、抖、掸的过程。　　（　　）

14. 美发按摩我国古已有之，在宋朝的《净发须知》中已有记载。（　　）

15. 现代美发按摩主要在美发厅或美容院进行。　　　　　　　　（　　）

16. 在按摩中，用拇指、中指或食指的指端取某一穴位由上往下轻轻用力，此法为点。

（　　）

17. 熟练的按摩手法应具备持久、有力、均匀、柔和、深透的特点。（　　）

18. 按摩中的均匀是指手法能持续运用一定时间，保持动作和力量的连贯性，不能断断续续。　　　　　　　　　　　　　　　　　　　　　　　（　　）

19. 在头部按摩中，足少阳胆经包括太阳穴、头临泣、率谷、完骨、风池等穴位。

（　　）

20. 头面部按摩中足少阳胆经按摩的顺序为：曲鬓→率谷→完骨→风池。（　　）

21. 颈部按摩的常用穴位有风府、哑门、大椎、风池、玉枕、天柱等。（　　）

**二、单项选择题**（选择一个正确的答案，将相应的字母填入题内的括号中）

1. 干性发质的头发由于自然油脂和水分不足，在视觉上（　　）不强，触摸时有粗糙感。

　　A. 柔韧度　　　　　　B. 光泽度　　　　　　C. 顺滑度　　　　　　D. 蓬松度

2. 通过触摸能判断出头发的质地。手感粗糙、干燥、疲乏的发质属（　　）。

　　A. 健康发质　　　　　B. 细软发质　　　　　C. 油性发质　　　　　D. 受损发质

3. 洗发用品的作用是清洁和除去头发表面污垢、油脂、灰尘、头皮屑及残留在头发上的其他（　　）。

　　A. 灰尘　　　　　　　B. 污垢　　　　　　　C. 油脂　　　　　　　D. 化学用品

4. 烫发后洗发香波能平衡头发的结构组织，使烫后头发卷度更持久有力，并更有（　　）。

　　A. 光泽　　　　　　　B. 质感　　　　　　　C. 弹性　　　　　　　D. 动感

5. 油性发质洗发时应选用适合油性发质、pH 值偏高的（　　）洗发液。

　　A. 强酸性　　　　　　B. 强碱性　　　　　　C. 中性　　　　　　　D. 弱酸性

6. 使用烫后、染后头发护理产品，可以清除头发上残留的（　　），恢复头发正常的 pH 值。

　　A. 油脂　　　　　　　B. 化学沉淀物　　　　C. 头皮屑　　　　　　D. 污垢

7. 在洗发中正确、熟练地使用抓擦手法，双手应（　　）、前后交叉。

　　A. 上下交叉　　　　　B. 两手交叉　　　　　C. 左右交叉　　　　　D. 轻重交叉

8. 在洗发完成冲洗后，头发上应无残留污垢、泡沫，头发应（　　），擦干后柔顺自然。

　　A. 滑爽　　　　　　　B. 滑润不黏　　　　　C. 洁净　　　　　　　D. 光亮

9. 冲洗操作时，拿起喷水莲蓬头，距头皮（　　）cm 左右对准头部冲洗。

　　A. 5　　　　　　　　　B. 10　　　　　　　　C. 12　　　　　　　　D. 15

10. 仰洗时，涂放完洗发水后，双手沿着发际以（　　）的方式移动，轻轻揉擦出丰富泡沫。

　　A. 横向揉动　　　　　B. 纵向揉动　　　　　C. 划圆圈　　　　　　D. 左右交叉

11. 在洗发操作中，抓擦止痒一般针对（　　）的对象。

　　A. 头皮屑较多　　　　　　　　B. 头皮特别刺痒

　　C. 头皮出油较多　　　　　　　D. 头皮比较干燥

12. 洗发前的抖发就是两手十指张开从（　　）依次抖动头发根部，将头皮屑、污垢及分泌物抖落下来。

　　A. 前额部　　　　B. 顶部　　　　C. 左侧部　　　　D. 右侧部

13. 美发行业的按摩是有选择地在几条经络上（　　），施以手法。

　　A. 以臂代针　　　B. 以指代针　　　C. 以手代针　　　D. 以掌代针

14. 按摩中的压法是用拇指、中指或食指的指端取某一穴位由上往下作按压，压的动作与（　　）法相似。

　　A. 揉　　　　　　B. 摩　　　　　　C. 按　　　　　　D. 推

15. 在按摩中，（　　）是指手法动作的稳柔、灵活及力量的缓和，使手法轻而不浮、重而不滞。

　　A. 持久　　　　　B. 均匀　　　　　C. 有力　　　　　D. 柔和

16. 洗发工序中头部按摩的常用经络有（　　）条。

　　A. 3　　　　　　B. 4　　　　　　C. 5　　　　　　D. 6

17. 洗发工序中头部按摩的常用穴位有（　　）个。

　　A. 15　　　　　　B. 16　　　　　　C. 17　　　　　　D. 18

18. 头面部按摩的常用经络有8条、穴位有（　　）个。

　　A. 33　　　　　　B. 35　　　　　　C. 37　　　　　　D. 39

19. 肩颈部按摩的常用穴位有（　　）个。

　　A. 12　　　　　　B. 15　　　　　　C. 17　　　　　　D. 20

## ❖ 发型制作 ❖

**一、判断题（将判断结果填入括号中。正确的填"√"，错误的填"×"）**

1. 手执梳子的训练方法一般有两种。　　　　　　　　　　　　　　　（　　）

2. 电推剪在推剪操作时，要运用手臂肘部的力量向上推移。　　　　　　（　　）

3. 推剪操作时，电推剪的刀头底部要与梳子交叉并轻微贴在梳子上移动。　（　　）

4. 电推剪操作中，反推的方法适用于修饰两侧轮廓。　　　　　　　　　（　　）

5. 抓剪就是抓起一束头发进行修剪。　　　　　　　　　　　　　　　　（　　）

6. 牙剪必须竖着剪，可避免齐叠的现象。　　　　　　　　　　　　　　（　　）

7. 发式是头发的基本式样，也就是留发长短的标准。　　　　　　　　　（　　）

8. 平圆头式的顶部短发呈齐平状。　　　　　　　　　　　　　　　　　（　　）

9. 男式超长发式的留发范围在后颈部发际线处。　　　　　　　　　　　（　　）

10. 男式长发式的留发范围介于中长式与超长发式之间。　　　　　　　（　　）

11. 在男式发型中，顶部是修剪与造型的主要范围，也是剪刀操作的主要范围。（　　）

12. 在男式发型中，基线是一条留发的标准线。　　　　　　　　　　　　（　　）

13. 在男式发型中，发式轮廓线就是一条定式线。　　　　　　　　　　　（　　）

14. 发际线的变化确定了三部、三线之间的关系。　　　　　　　　　　　（　　）

15. 在男式推剪操作中，中长式的基线与发际线间隔距离约 15～20 mm。　（　　）

16. 每个人发际线位置的高低大致相同。　　　　　　　　　　　　　　　（　　）

17. 在男式推剪操作中，如头发生长浓密，则基线与轮廓线的位置应该比一般标准略微下移。　　　　　　　　　　　　　　　　　　　　　　　　　　　　（　　）

18. 在男式推剪操作中，如头发较为稀疏且紧贴头皮，则可以将基线位置向下移动。　　　　　　　　　　　　　　　　　　　　　　　　　　　　　　　　（　　）

19. 在男式推剪操作中，对颈部肌肉发达、皮肤松弛、颈部较短的顾客，其基线的位置可提得高些。　　　　　　　　　　　　　　　　　　　　　　　　　　（　　）

20. 在男式推剪操作中，发际线高低不影响发式轮廓线和基线的位置。　（　　）

21. 在男式推剪操作中，色调是肤色与发色交融后产生的。　　　　　　（　　）

22. 轮廓主要指顶部和中部之间头发向四周披落时构成标准的弧形。　　（　　）

23. 推剪后的男式发式，从侧面看轮廓线需要带有一定的水平状。　　　（　　）

24. 男式推剪色调时，梳子与头皮的夹角越小，留下的头发越短。　　　（　　）

25. 在男式推剪耳上的操作中，梳子前端应贴住发际线，角度向外倾斜。（　　）

26. 在男式推剪顶部周围头发的操作时，改用厚梳子，悬空把头发挑起来。（　　）

27. 在男式推剪耳上部头发的操作时，需用满推法横向推剪。（　　）

28. 在男式推剪操作中，由于枕骨向外隆起，推剪时电推剪应在粗齿梳衬托下进行。

（　　）

29. 男式推剪颈后部时，梳子呈水平状或倾斜状。（　　）

30. 在男式推剪颈后部时，电推剪一般使用半推法进行操作。（　　）

31. 男式推剪后脑中部的色调时，两手要悬空，用力一定要均衡。（　　）

32. 男式发式以均等层次和高层次混合形为主。（　　）

33. 在男式发式修剪中，修饰主要是把轮廓线修饰成弧形。（　　）

34. 在男式发式修剪操作中，对于色调不够匀称的部位应作细致的加工。（　　）

35. 在男式发式修剪操作中，打薄应根据发型的要求进行。（　　）

36. 男式平顶头要求顶部扁平，一般先将头顶部中心部位推剪好。（　　）

37. 男式短发式顶部推剪后，再从右边鬓发开始推剪周围轮廓，略带一定角度向上推剪到顶部。（　　）

38. 女式超短类发型的标准为：后颈部头发的下沿线在发际线以上、两耳侧头发短于半耳或两耳露出。（　　）

39. 女式长发类发型的标准为：后颈部头发的下沿线在两肩连线至两肩连线以下 10 cm 之间。（　　）

40. 直发类发型操作工序细致、烦琐，但梳理方便。（　　）

41. 卷发类发型经过做花盘卷能形成各种不同形状的直线纹理。（　　）

42. 盘（束）发类发型可将头发通过编、扭、盘、包等手法编绞成各种不同花样并组合成型。（　　）

43. 夹剪剪出的头发发梢边缘呈笔尖形。（　　）

44. 夹剪的操作技巧最重要的是正确掌握头发夹起的角度。（　　）

45. 在夹剪操作中向内斜剪低层次。（　　）

46. 在夹剪操作中向外斜剪低层次。（　　）

47. 在夹剪操作中，头发提拉角度为 90°时，剪出的头发层次低。（　　）

48. 挑剪操作中，挑起的头发直线形向上，可使头发剪的整齐。 （　　）

49. 抓剪操作中，不同部位的抓剪可产生相同的修剪效果。 （　　）

50. 在削剪操作中，剪刀或削刀在头发上滑动时，手指的运刀要有力。 （　　）

51. 削剪操作时，剪刀或削刀滑动的幅度小，削去头发少，则产生的层次低。 （　　）

52. 锯齿剪操作时，不能停留在一处剪。 （　　）

53. 刀尖剪是将头发发梢剪成锯齿状，使剪好的头发比较飘逸。 （　　）

54. 悬空剪一般用于修剪额前短发和顶部的头发。 （　　）

55. 后颈部导线的位置在后颈部下沿线最底部 2 cm 处。 （　　）

56. 在女式短发修剪中，修剪完导线后，接着延伸导线，逐层分区完成修剪。 （　　）

57. 在女式短发修剪中，按由前到后延伸导线的顺序，进行修剪。 （　　）

58. 修剪刘海是女式短发修剪操作的最后一道工序。 （　　）

59. 零度层次的结构特点是头发表面平滑，没有动感。 （　　）

60. 低层次是指在头发的边缘部位出现了坡度，头发上长下短。 （　　）

61. 在女式短发发型中，顶部头发与下部头发长短的差距越大，那么它的层次就越低。

（　　）

62. 高层次的特点是顶部头发与下部头发长短的差距大，发型的动感强。 （　　）

63. 均等层次是指整个头部所有头发层次均匀一致，有层次感。 （　　）

64. 修剪平直线时，在后发区最底部分出 3 cm 左右厚度的横向水平发片为垂直引导线。

（　　）

65. 修剪平直线时，在后发区最底部分出 2 cm 左右厚度的横向水平发片为水平引导线。

（　　）

66. 修剪平直线时，头发必须向下梳顺，提拉发片不能有弧度。 （　　）

67. 平直线发型修剪完毕时，看四周头发是否平齐且环形地围绕头部。 （　　）

68. 修剪斜向前形线时，采用内夹剪的方法进行修剪。 （　　）

69. 修剪侧发区斜向前形线时，由颈背部向两侧进行斜线修剪。 （　　）

70. 修剪侧发区斜向前形线时，由枕部向两侧进行斜线修剪。 （　　）

71. 斜向前形线发型修剪完后，检查固体层次是否衔接。 （　　）

72. 斜向后形线修剪时，发片的提拉角度与头皮呈 45°。 （　　）

73. 斜向后形线修剪时，发片的提拉角度与头皮呈 90°。 （　　）

74. 修剪侧发区斜向后形线时，由颈背部向两侧进行斜线修剪。 （　　）

75. 斜向后形线发型修剪完后，检查固体层次是否衔接。 （　　）

76. 长方形轮廓发式又称单一层次发式，也有人称之为固体型发式。 （　　）

77. 均等层次的头发长度都是一样的，没有明显的发重。 （　　）

78. 边沿层次的头发长度是延续的，从外圈到内圈长度递减。 （　　）

79. 渐增层次的头发可以横向拉长整体轮廓。 （　　）

80. 女式短发修剪时发片与发片之间要去角连接。 （　　）

81. 尖尾梳的作用是用以分区，方便卷杠操作。 （　　）

82. 烫发专用围布以深色为多。 （　　）

83. 化烫加热机（焗油机）有加速反应速度的功能。 （　　）

84. 棉条能吸收药液，防止药水滴渗。 （　　）

85. 热能烫用品是利用物理反应产生的热能，达到烫卷发丝的目的。 （　　）

86. 烫发操作中，插针的作用是固定卷杠。 （　　）

87. 冷烫精分碱性冷烫精、酸性冷烫精两大类。 （　　）

88. 碱性冷烫精适用于一般正常发质。 （　　）

89. 微碱性冷烫精应用较广，适用于一般正常发质。 （　　）

90. 在烫发液中，酸性冷烫精属于高档冷烫精，对头发起保护作用。 （　　）

91. 酸性冷烫精的主要成分为碳酸氢铵。 （　　）

92. 烫发液的化学反应过程即是改变头发表面化学键位置的过程。 （　　）

93. 各种卷杠都有一定的质感。 （　　）

94. 在烫发操作中，使用圆形或圆柱形的卷发杠可产生角度质感的效果。 （　　）

95. 在卷杠操作中，基面的表面是由发杠的长度和直径来决定。 （　　）

96. 烫发衬纸使用方法有单层裹纸法、双层裹纸法、折叠裹纸法三种。 （　　）

97. 单层裹纸法是不常用的一种裹纸法。 （　　）

98. 烫发卷杠时，烫发纸选用渗透好的棉纸。 （　　）

99. 烫发卷杠时，提升角度不正确，会使头发过分卷曲。　　　　　（　　）

100. 烫发操作时，选择不同的烫发杠以满足发型设计的要求。　　　（　　）

101. 干性头发缺少水分和光泽，经不住高温。　　　　　　　　　　（　　）

102. 烫发操作中，烫发液要均匀地涂在发卷上。　　　　　　　　　（　　）

103. 只要发卷都涂了烫发剂，就能保证烫发效果。　　　　　　　　（　　）

104. 烫发前使用含有多量钙质的硬水来洗发，头发极容易烫卷。　　（　　）

105. 若烫发精停留时间过长，会出现头发湿时有卷曲、干时头发直的现象。（　　）

106. 离子烫的种类有水离子烫、负离子烫、游离子烫等。　　　　　（　　）

107. 离子烫的质量标准要求：烫后的头发发尾不毛，发根富有弹性。（　　）

108. 离子烫的质量标准要求：烫后的头发自然成型，发丝有光泽且平直。（　　）

109. 经过吹风后，梳好的发式只要保护得当，一般能保持两个星期以上。（　　）

110. 在吹风造型中，轮廓线分为发型外轮廓线和发型内轮廓线两类。（　　）

111. 在吹风操作中，要将梳齿插入头发内，用梳齿把头发根压住。　（　　）

112. 在男式吹风操作中，"别"是用梳刷挑起一股头发向上提拉，使头发带一些弧形。

　　　　　　　　　　　　　　　　　　　　　　　　　　　　　（　　）

113. 在吹风操作中，"挑"是用梳刷挑起一股头发向下弯，使头发带一些弧形，将头发吹成微微隆起的式样。　　　　　　　　　　　　　　　　　　　（　　）

114. 在吹风操作中，"挑"是将小吹风的风，一半吹在梳面上，一半吹在梳刷下面的头发上。　　　　　　　　　　　　　　　　　　　　　　　　　　　（　　）

115. 在男式吹风操作中，"拉"的手法，一般用于吹四周发际线及后脑接近顶部的头发。　　　　　　　　　　　　　　　　　　　　　　　　　　　　　（　　）

116. 在男式吹风操作中，"推"是将部分头发往下吹出凹陷，形成一道道波纹。（　　）

117. 在男式吹风操作中，"推"的动作要略重，使梳刷齿前端的头发略微隆起。（　　）

118. 在吹风操作中，正确的送风方法是：小吹风机斜侧着，送风口与头皮前后平行或成 $45°$。

　　　　　　　　　　　　　　　　　　　　　　　　　　　　　（　　）

119. 在吹风操作中，吹风机与头皮的距离必须掌握恰当，一般在 $30\sim40$ mm 之间。

　　　　　　　　　　　　　　　　　　　　　　　　　　　　　（　　）

120. 在吹风操作中，一般每吹一个地方，吹风机左右摆动 2～3 次，就能得到良好的效果。　　（　　）

121. 在男式各类长发式吹风梳理时，不需要做准备工作，可直接进行吹风。　　（　　）

122. 在男式吹风操作中，头路（头缝）是增加发型变化的方法之一。　　（　　）

123. 在男式吹风挑头路时，要使头路间露出肤色，并形成一条直线，不要前后有高低。　　（　　）

124. 在男式无头路的发式中，以前额发丝流向一侧的一边称为小边，而另一侧则称为大边。　　（　　）

125. 在男式吹风操作程序时，如有头缝的一般先从大边一侧开始操作。　　（　　）

126. 在男式吹风中，吹小边顺序是从鬓角开始，用梳子将头发由前向后、由下向上、吹至顶部。　　（　　）

127. 在男式吹风操作中，吹顶部即吹属于大边部分的头发。　　（　　）

128. 在吹男式额前的头发时，从额前头路边缘开始，用"拉"与"推"的方法按序分批向大边一侧吹。　　（　　）

129. 在男式发式吹风中，用"压"的方法将鬓发、耳夹上方以及中部色调的头发发梢吹压平服，紧贴头皮。　　（　　）

130. 在男式发式吹风中，吹波浪式时用"拉"的方法，将顶部吹成波浪形。　　（　　）

131. 在男式发式吹风中，要求吹风造型保持轮廓齐圆、饱满自然的形象。　　（　　）

132. 在男式分头路发型中，顶发要求蓬松，丝纹不乱、不脱节。　　（　　）

133. 在男式发式吹风中，周围平伏是指顶发以上的轮廓部分头发梢平伏地贴在头发上。　　（　　）

134. 在男式发式吹风中，左右两侧与前后两侧要有饱满感。　　（　　）

135. 在男式发式吹风中，必须做到不吹痛头皮，不吹焦头发。　　（　　）

136. 在男式分头路发型压头缝时，梳背与头缝平行，与头皮保持约 5 mm 的距离。　　（　　）

137. 在男式分头路发型压头缝时，用小吹风机对着梳齿下送风，梳背原地向下压。　　（　　）

138. 男式分头路发型要求：头缝明显有立体感，发根站立，发杆弯曲呈弧形，发梢侧向小边。 （ ）

139. 在男式发式吹梳操作中，吹小边时，用梳子将整个小边头发向后梳，吹风口对着发干，来回吹几次。 （ ）

140. 在男式发式吹梳操作中，吹顶部时，将梳子微微转动至90°～120°之间，同时小吹风机对着梳齿下的头发送风。 （ ）

141. 在男式发式吹梳大边侧顶部时，自侧边向顶心依次推进。 （ ）

142. 在男式发式吹梳大边侧顶部时，应使顶部轮廓呈现以方为主、方中带圆、圆中显方的形态。 （ ）

143. 在男式发式吹梳前额时，如果纹理流向要求向后，则应先用梳刷将顶部头发的根部往侧面拉出弧度。 （ ）

144. 在女式吹风操作中，梳刷将头发拉至发型所需弯度略顿一下，使头发形成高度。 （ ）

145. 在女式吹风操作中，拉法在直发类或卷曲类发型中均可使用。 （ ）

146. 在女式吹风操作中，别法仅限于长发类发型。 （ ）

147. 在女式吹风操作中，旋转法一般用于吹梳翻翘式或大波浪发型。 （ ）

148. 在女式吹风操作中，翻刷法一般用于顶部头发较多的部位。 （ ）

149. 女式吹风梳理的质量标准要求造型自然美观，纹理清晰。 （ ）

150. 女式短发吹风梳理的程序一般从后颈部发区开始。 （ ）

151. 送风位置正确与否，直接影响到发型的宽度、弧度和发势方向。 （ ）

152. 吹风操作时，送风口应自发根经发干至发尾，同时吹风口应从侧向送风。 （ ）

153. 椭圆形脸又称"鹅蛋脸"，上下长阔匀称，属于标准脸形。 （ ）

154. 人的头形一般可分为长形头、圆形头和方形头三类。 （ ）

155. 填充法对发型的块面、纹样产生实感和量感。 （ ）

156. 正三角形脸吹风造型时应采取上部纵向梳理、底部略松的方法。 （ ）

157. 菱形脸吹风造型时顶部不能高。 （ ）

**二、单项选择题（选择一个正确的答案，将相应的字母填入题内的括号中）**

1. 手腕训练有以下几种方法：一种是上下左右往返摆动，手腕与胳膊角度在（　　）之间。

  A. 30°～50°   B. 40°～60°   C. 50°～60°   D. 70°～90°

2. 电推剪的持法为：用右手的拇指轻放在电推剪的正面中前部，拇指和电推剪刀身成约（　　）的夹角。

  A. 25°    B. 35°    C. 45°    D. 60°

3. 用电推剪左右两侧的（　　）根刀齿剪去梳齿上的头发，主要用于头发边沿或起伏不平的地方。

  A. 四五    B. 六七    C. 八九    D. 九十

4. 电推剪操作中的半推法，主要用于色调（　　）及耳夹部位。

  A. 凹陷处   B. 底部    C. 中部    D. 顶部

5. 剪刀削剪的方法主要用于（　　）头发的削薄。

  A. 部分过厚  B. 发根部位  C. 发型两侧  D. 头顶部位

6. 牙剪一般在梳子和手指的（　　）配合下使用。

  A. 协调    B. 交错    C. 指引    D. 以上答案均不正确

7. 每类发型中因造型不同又有多种多样的（　　）发式。

  A. 美丽    B. 具体    C. 奇特    D. 长短

8. 游泳式顶部头发比平圆头式要长，轮廓呈（　　），简洁明快。

  A. 球形    B. 菱形    C. 长方形   D. 弧形

9. 男式短长式发型留发较短，头发最长处在（　　）。

  A. 额角    B. 额前    C. 顶部    D. 两侧

10. 在男式发型中，（　　）是修剪与造型的主要范围。

  A. 顶部    B. 中部    C. 底部    D. 额前部

11. 在男式发型中，（　　）是顶部和中部的分界线。

  A. 内轮廓线  B. 发际线   C. 基线    D. 发式轮廓线

12. 在男式推剪操作中，短长式的发式轮廓线位置在额角至鬓角的（　　）范围内。

A. 1/4　　　　　B. 1/3　　　　　C. 1/2　　　　　D. 2/3

13. 在男式推剪操作中，一般长发式与中长式发式轮廓线在后脑中心点之间相距（　　）mm。

A. 5　　　　　B. 8　　　　　C. 10　　　　　D. 12

14. 在男式中长式推剪操作中，发式轮廓线至基线的位置，一般可掌握在（　　）。

A. 20～30 mm　　B. 30～40 mm　　C. 50～60 mm　　D. 60 mm 以上

15. 在男式推剪操作中，要体现出由浅入深、明暗谐和的（　　）。

A. 基线　　　　B. 层次　　　　C. 色调　　　　D. 轮廓线

16. 在男式推剪操作中，如头发生长浓密，基线与（　　）应该比一般标准略微提高。

A. 发际线　　　B. 轮廓线　　　C. 外轮廓线　　　D. 内轮廓线

17. 在男式推剪操作中，对颈椎骨较短、体态肥胖、颈肌发达的顾客，可把（　　）位置定得高一些。

A. 发际线　　　B. 基线　　　C. 内轮廓线　　　D. 外轮廓线

18. 在男式推剪操作中，对颈椎骨较长、（　　）的顾客，其基线的位置应该略低于正常标准。

A. 体态消瘦　　B. 体态肥胖　　C. 体态适中　　　D. 体态标准

19. 在男式推剪操作中，（　　）的深浅要根据发式、年龄、留发等情况来掌握，不能千篇一律。

A. 轮廓线　　　B. 色调　　　C. 基线　　　D. 层次

20. 在男式推剪操作中，头发的颜色由浅至深，自然地组成明暗均匀的（　　）。

A. 色调　　　　B. 层次　　　C. 轮廓　　　D. 结构

21. 轮廓主要指顶部和中部之间的头发向四周披露时构成（　　）的弧形。

A. 标准　　　　B. 大致相等　　C. 形态一致　　　D. 大小一致

22. 推剪后的男式发式，鬓角的高低，色调的（　　），两边都要对称，不能互不相关。

A. 深浅　　　　B. 平衡　　　C. 协调　　　D. 高低

23. 推剪后的男式发式，从侧面来看，顺着头发（　　）的趋势，轮廓线需要带着一定的斜度。

A. 流向发展　　　　　B. 自然生长　　　　　C. 修剪状态　　　　　D. 发际形成

24. 在男式推剪色调时，电推剪使用（　　）与梳子配合，推剪出耳前色调。

A. 满推法　　　　　B. 半推法　　　　　C. 倒推法　　　　　D. 横推法

25. 在男式推剪耳上操作时，梳子向上呈（　　）移动，用电推剪剪去梳齿上的头发。

A. 直线　　　　　B. 斜线　　　　　C. 弧线　　　　　D. 曲线

26. 在男式推剪顶部周围头发时，改用（　　），悬空把头发挑起来。

A. 小抄梳　　　　　B. 粗齿梳　　　　　C. 厚梳子　　　　　D. 薄梳子

27. 在男式推剪枕骨部分时，电推剪随着（　　）的变化而相应变化。

A. 头形　　　　　B. 发质　　　　　C. 毛流　　　　　D. 梳子

28. 男式推剪颈后部时，（　　）与头皮要有一定的角度。

A. 电推剪　　　　　B. 剪刀　　　　　C. 剃刀　　　　　D. 梳面

29. 在推剪后脑中部的色调时，两手要悬空，用力要（　　）。

A. 有力　　　　　B. 均衡　　　　　C. 果断　　　　　D. 柔和

30. 男式推剪后脑中部的色调时，电推剪落刀重了可能会影响梳子所持角度的（　　）。

A. 准确性　　　　　B. 大小　　　　　C. 位置　　　　　D. 高低

31. 男式发式修剪层次时，从前额开始到头顶将发尾正常提升至与头皮呈（　　）。

A. 45°　　　　　B. 90°　　　　　C. 135°　　　　　D. 180°

32. 在男式发式修剪中，修饰轮廓线上因头发（　　）而形成的重量线，使上下两部分连接得较为和谐。

A. 太薄　　　　　B. 太短　　　　　C. 堆积　　　　　D. 太稀

33. 在男式发式修剪操作中，对头形凹陷处出现的较深色调，可采用（　　）的方法进行调整。

A. 平剪　　　　　B. 斜剪　　　　　C. 刀尖剪　　　　　D. 托剪

34. 在男式发式修剪操作中，调整厚薄前应认真观察头发的（　　）。

A. 流向　　　　　B. 质地　　　　　C. 密度　　　　　D. 长度

35. 调整发量时，要根据头发的密度，确定牙剪在发层位置以及发片切口的（　　）。

A. 方向　　　　　B. 位置　　　　　C. 角度　　　　　D. 力度

36. 男式平顶头推剪顶部时要求电推剪（　　），从前向后推，将顶部推剪成平方形。

　　　A. 端平　　　　　　B. 锐利　　　　　　C. 快速　　　　　　D. 沉稳

37. 男式短发式顶部推剪后，再从（　　）开始推剪周围轮廓，并略带一定角度向上推剪到顶部。

　　　A. 后颈部　　　　　B. 左耳后侧　　　　C. 左边鬓发　　　　D. 右边鬓发

38. 男式短发式推剪周围轮廓时，要与（　　）头发连成一体。

　　　A. 左鬓部　　　　　B. 右鬓部　　　　　C. 顶部　　　　　　D. 后颈部

39. 女式中长发型的标准为：后颈部头发的下沿线在衣领（　　）至两肩连线之间。

　　　A. 上部　　　　　　B. 下部　　　　　　C. 前面　　　　　　D. 后面

40. 直发类发型是女式发型中最（　　）、方便的发型。

　　　A. 平常　　　　　　B. 复杂　　　　　　C. 简洁　　　　　　D. 普通

41. 卷发类发型是指头发经过烫发或（　　）工艺后而形成卷曲形状。

　　　A. 做花盘卷　　　　B. 修剪　　　　　　C. 漂染　　　　　　D. 吹风

42. 盘（束）发类发型是我国各民族的传统发型，是从（　　）、挽髻等发展演变而来。

　　　A. 盘卷　　　　　　B. 盘发　　　　　　C. 梳辫　　　　　　D. 梳理

43. 盘（束）发类发型可将头发通过编、（　　）、盘、包等手法编绞成各种不同花样，并组合成型。

　　　A. 烫　　　　　　　B. 染　　　　　　　C. 梳　　　　　　　D. 扭

44. 在夹剪中，剪去露出手心内头发发梢的方法称为（　　）。

　　　A. 内夹剪　　　　　B. 外夹剪　　　　　C. 前夹剪　　　　　D. 后夹剪

45. 夹剪中，夹起头发的角度大，则修剪的（　　）。

　　　A. 层次大　　　　　B. 层次小　　　　　C. 层次高　　　　　D. 层次低

46. 夹剪的操作技巧要求夹起的头发要呈（　　）。

　　　A. 弧形　　　　　　B. 斜形　　　　　　C. 角形　　　　　　D. 平直状

47. 在夹剪操作中，向外斜剪适用于（　　）的修剪。

　　　A. 高层次　　　　　B. 低层次　　　　　C. 层次适中　　　　D. 层次调和

48. 在夹剪操作中，头发提拉角度为45°时，（　　）。

A. 层次适中　　　　B. 层次调和　　　　C. 层次低　　　　D. 层次高

49. 挑剪操作中，挑起头发角度大，则修剪的（　　）。

　　A. 层次低　　　　B. 层次高　　　　C. 层次适中　　　　D. 层次调和

50. 抓剪操作中，抓剪的头发成束，修剪后头发呈（　　）。

　　A. 整齐状　　　　B. 平齐形　　　　C. 弧形　　　　D. 斜形

51. 削剪操作后，经削剪的头发发梢呈（　　）。

　　A. 笔尖形　　　　B. 齐刷形　　　　C. 弧形　　　　D. 斜形

52. 锯齿剪操作时，顶部或（　　）头发可适当多剪。

　　A. 耳上部　　　　B. 发旋处　　　　C. 枕部　　　　D. 额前

53. 悬空剪一般用于修剪额前短发和（　　）处头发。

　　A. 发际线　　　　B. 顶部层次　　　　C. 枕骨　　　　D. 耳侧

54. 导线是女式短发修剪时留发长短的（　　）。

　　A. 发际线　　　　B. 轮廓线　　　　C. 基准线　　　　D. 外轮廓线

55. 在女式短发修剪中，以（　　）为基准，进行向上延伸分发片再修剪。

　　A. 导线　　　　B. 发际线　　　　C. 基线　　　　D. 轮廓线

56. 在女式短发修剪中，检查调整，（　　）是修剪操作的最后一道工序。

　　A. 修剪刘海　　　　B. 处理厚薄　　　　C. 修剪轮廓　　　　D. 修饰定型

57. 在女式短发修剪中，对各发区的发片进行去角连线，可使发片与发片之间的（　　）更细致调和。

　　A. 对比　　　　B. 比例　　　　C. 衔接　　　　D. 调整

58. 在女式短发发型中，（　　）发型表现为顶部头发长，底部头发短。

　　A. 零度层次　　　　B. 低层次　　　　C. 高层次　　　　D. 均等层次

59. 低层次是指在头发的边缘部位出现了（　　）。

　　A. 厚度　　　　B. 高度　　　　C. 坡度　　　　D. 弧度

60. 低层次发型修剪后，头发的层次幅度较小，层次截面较小，增加了头发的（　　）。

　　A. 长度　　　　B. 高度　　　　C. 弧度　　　　D. 厚度

61. 在女式高层次发型中，层次越高，发型的动感就越（　　）。

A. 高        B. 浅        C. 弱        D. 强

62. 在女式短发发型中，如果整个头部所有头发长短一致，则为（ ）发型。

     A. 零度层次      B. 均等层次      C. 高层次      D. 低层次

63. 修剪平直线时，在后发区最底部分出（ ）cm 左右厚度的横向水平发片为水平引导线。

     A. 4        B. 3        C. 2        D. 1

64. 修剪平直线时，头发必须（ ）梳顺，提拉发片不能有角度。

     A. 向上        B. 向下        C. 向左        D. 向右

65. 平直线发型修剪完毕时，要检查（ ）的头发是否一致。

     A. 前额与顶部            B. 后顶部与枕部

     C. 两侧                D. 前后

66. 修剪斜向前形线时，采用（ ）的方法，先剪一侧的头发，然后用同样的方法修剪另一侧。

     A. 内夹剪      B. 外夹剪      C. 削剪      D. 挑剪

67. 修剪斜向前形线时，从后发区最底部中心线斜向分出 2 cm 左右厚度发片，（ ）为 45°左右。

     A. 提拉角度      B. 分线角度      C. 剪切角度      D. 站位角度

68. 修剪侧发区斜向前形线时，在（ ）斜向导线上平行地分出一束发片，由颈背部向两侧进行斜线修剪。

     A. 颈背部      B. 两侧      C. 后颈部      D. 后枕部

69. 斜向前形线发型修剪完后，查看（ ）是否整齐。

     A. 边沿线      B. 发际线      C. 外轮廓线      D. 内轮廓线

70. 修剪斜向后形线时，从后发区最底部中心线斜向分出 2 cm 左右厚度发片，（ ）为 45°左右。

     A. 站位角度      B. 剪切角度      C. 分线角度      D. 提拉角度

71. 修剪侧发区斜向后形线时，在（ ）斜向导线上平行地分出一束发片，由颈背部向两侧进行斜线修剪。

A. 后颈部      B. 两侧      C. 颈背部      D. 后枕部

72. 斜向后形线发型修剪完后，检查（    ）是否衔接，两侧头发的长短是否一致。

     A. 均等层次      B. 渐增层次      C. 边沿层次      D. 以上答案均不正确

73. 长方形轮廓发式要求发型下沿切线的头发修剪后达到（    ）的效果。

     A. 整齐划一      B. 参差不齐      C. 错落有致      D. 高低协调

74. 长方形轮廓发式是直发类发型中最（    ）的发型。

     A. 重要      B. 基本      C. 简单      D. 以上答案均不正确

75. 均等层次的头发长度都是一样的，可以产生均等的方向感和（    ）。

     A. 量感      B. 质感      C. 动感      D. 静态感

76. 菱形轮廓（边沿层次）头发的内圈是（    ）效果。

     A. 静止纹理      B. 平滑纹理      C. 活动纹理      D. 混合性纹理

77. 边沿层次的头发提拉角度和剪切角度为（    ）。

     A. $0°\sim45°$      B. $0°\sim60°$      C. $0°\sim90°$      D. $0°\sim120°$

78. 渐增层次的头发长度是从内圈到外圈（    ）的。

     A. 连续递减      B. 连续递增      C. 等长      D. 有横向动感

79. 女式短发修剪后检查切口时，注意修剪后的发片应呈（    ）。

     A. 平直状      B. 圆弧状      C. 斜形状      D. 倒弧状

80. 烫发杠将缠绕的发丝在（    ）的作用下按烫发杠的形状形成花。

     A. 温度      B. 一定时间      C. 冷烫液      D. 压力

81. 塑料帽可防止烫发液挥发过快或流失，并有一定的（    ）作用。

     A. 加热      B. 自动控温      C. 自动恒温      D. 保温

82. 烫发衬纸是由薄棉纸制成的，有（    ）的作用。

     A. 吸收药水      B. 渗透药水      C. 阻隔药水      D. 防止药水滴漏

83. 定位夹主要用于（    ），是定位烫的专用工具。

     A. 短发      B. 中长发      C. 长发      D. 直发

84. 电钳利用（    ）原理进行工作。电钳烫操作时无须烫发液，依靠热能使头发一次定型。

A. 物理反应　　　　B. 化学反应　　　　C. 电热转换　　　　D. 合成反应

85. 在烫发操作中，应插针挑起皮筋，防止皮筋压在发丝上产生（　　）。

A. 压痕　　　　　　B. 断裂　　　　　　C. 毛糙　　　　　　D. 开权

86. 在烫发液中，第一剂冷烫精主要起（　　）作用。

A. 溶解　　　　　　B. 固定　　　　　　C. 分解　　　　　　D. 化解

87. 碱性冷烫精 pH 值在（　　）以上。

A. 7　　　　　　　B. 8　　　　　　　C. 9　　　　　　　D. 10

88. 微碱性冷烫精的 pH 值在（　　）之间。

A. 6～7　　　　　　B. 7～8　　　　　　C. 8～9　　　　　　D. 9～10

89. 在烫发液中，酸性冷烫精的 pH 值为（　　）。

A. 7.5～7　　　　　B. 7～6.5　　　　　C. 6.5～6　　　　　D. 6 以下

90. 烫发液的化学反应过程即是改变头发（　　）化学键位置的过程。

A. 内部　　　　　　B. 外部　　　　　　C. 根部　　　　　　D. 发梢

91. 烫发剂化学反应能使头发的（　　）持久。

A. 量感　　　　　　B. 质感　　　　　　C. 动感　　　　　　D. 层次感

92. 在烫发操作中，头发的质感和选用工具的（　　）、大小有直接关系。

A. 体积　　　　　　B. 面积　　　　　　C. 形状　　　　　　D. 以上答案均不正确

93. 在卷杠操作中，基面的面积由发杠的（　　）和直径来决定。

A. 高度　　　　　　B. 厚度　　　　　　C. 宽度　　　　　　D. 长度

94. 在卷杠操作中，（　　）要求将烫发衬纸放在发片的表面上，要展开、平坦，不能有皱。

A. 双层裹纸法　　　B. 单层裹纸法　　　C. 折叠裹纸法　　　D. 重叠裹纸法

95. 在卷杠操作中，分股发片与头皮垂直呈（　　），向上提拉卷杠。

A. 45°　　　　　　B. 90°　　　　　　C. 135°　　　　　　D. 180°

96. 在卷杠操作中，发片应光洁、受力（　　）、分份线清晰、发梢平整卷入烫发杠。

A. 略重　　　　　　B. 轻盈　　　　　　C. 均匀　　　　　　D. 平衡

97. 烫发卷杠时，橡皮筋应固定于（　　）。

A. 烫发杠的侧面　　　　　　　　　　B. 头发根部

C. 头发尾部　　　　　　　　　　　　D. 头发中部

98. 烫发质量标准要求：烫后发丝卷曲有（　　）。

　　A. 波痕　　　　　B. 波涛　　　　　C. 波浪　　　　　D. 波纹

99. 烫发卷杠时，烫发杠直径越小卷曲度（　　）。

　　A. 越小　　　　　B. 越大　　　　　C. 越弱　　　　　D. 越强

100. 烫发精效力小，如果使用（　　），就不会烫卷头发或发花不能持久。

　　A. 时间短　　　　B. 时间长　　　　C. 时间适中　　　D. 时间略长

101. （　　）力量大，如果使用时间较长，会损伤头发。

　　A. 中和剂　　　　B. 烫发精　　　　C. 定型剂　　　　D. 皮筋

102. 涂烫发液第一剂时，若头发短于（　　）cm 卷好后涂两遍。

　　A. 5　　　　　　B. 10　　　　　　C. 15　　　　　　D. 20

103. 烫发操作中，若第二剂（　　）未能充分地发生作用，则头发可能不易烫卷。

　　A. 烫发精　　　　B. 中和剂　　　　C. 定型水　　　　D. 固发水

104. 头发的弹性范围大约是（　　）。

　　A. 0～10%　　　B. 0～15%　　　C. 0～20%　　　D. 0～25%

105. 离子烫烫发剂按其药水的 pH 值可分为（　　）、碱性烫发剂两类。

　　A. 弱酸性烫发剂　　　　　　　　　B. 酸性烫发剂

　　C. 强碱性烫发剂　　　　　　　　　D. 中性烫发剂

106. 离子烫的质量标准要求：烫后的头发发尾不毛，（　　）富有弹性。

　　A. 发尾　　　　　B. 发干　　　　　C. 发根　　　　　D. 发芯

107. 离子烫烫发后（　　）天内不得束发、洗发。

　　A. 3　　　　　　B. 2　　　　　　C. 5　　　　　　D. 1

108. 离子烫烫发后（　　）内不得烫发、染发。

　　A. 1 天　　　　　B. 7 天　　　　　C. 半个月　　　　D. 1 个月

109. 顾客洗发后，头发（　　）会感到不舒服，吹风能使头发很快干燥。

　　A. 受损　　　　　B. 干涩　　　　　C. 顺滑　　　　　D. 潮湿

110. 轮廓线又叫外部线条，指构图中个体、群体或景物的（　　　）。

    A. 外边缘界线　　　　　　　　　　B. 左侧边缘界线

    C. 右侧边缘界线　　　　　　　　　　D. 中部边缘界线

111. 发型内轮廓线与脸形的结合、变化可以衬托或改变（　　　）的不足。

    A. 发型　　　　　B. 脸形　　　　　C. 发质　　　　　D. 外表

112. 在吹风操作中，手掌压时将小吹风机（　　　）的风吹至手掌与头皮的夹缝内，手掌轻压。

    A. 1/3　　　　　B. 2/3　　　　　C. 1/2　　　　　D. 全部

113. 在男式吹风操作中，操作"别"时，用（　　　）将梳刷带动下的头发发杆微微别弯。

    A. 指力　　　　　B. 巧力　　　　　C. 手指　　　　　D. 腕力

114. 吹（　　　）附近的头发，也要用"别"的方法进行。

    A. 刘海　　　　　B. 鬓角　　　　　C. 发涡　　　　　D. 后脑

115. 在男式吹风操作中，"拉"的特点是吹风机与（　　　）同时移动。

    A. 手指　　　　　B. 手　　　　　C. 梳子　　　　　D. 头发

116. 在男式吹风中，"推"是先把梳刷齿自前向后斜插入顶部头发内，然后梳刷背作（　　　）转动，翻至近头发梢端。

    A. 180°　　　　　B. 90°　　　　　C. 60°　　　　　D. 45°

117. 在吹风操作中，正确的送风方法是：小吹风机斜侧着，送风口与头皮前后平行或呈（　　　）。

    A. 45°　　　　　B. 30°　　　　　C. 90°　　　　　D. 60°

118. 在吹风操作中，头发能够紧贴、（　　　）、舒展成型，主要是小吹风机送出热量的作用。

    A. 卷曲　　　　　B. 顺滑　　　　　C. 垂顺　　　　　D. 丰盈

119. 在吹风操作中，一般每吹一个地方，吹风机左右摆动（　　　）次，就能收到良好的效果。

    A. 1~2　　　　　B. 4~5　　　　　C. 2~3　　　　　D. 6~7

120. 在吹风操作中，吹风机应随着梳子移动，不停地作（　　）摆动。

    A. 左右 　　　　B. 上下 　　　　C. 前后 　　　　D. 内外

121. 在男式吹风操作中，头路对准左眼或右眼的眼梢为（　　）。

    A. 对分 　　　　B. 三七分 　　　　C. 四六分 　　　　D. 二八分

122. 在男式吹风操作中，一般头路的位置，都以分在靠（　　）一边为宜。

    A. 刘海 　　　　B. 发旋 　　　　C. 头顶 　　　　D. 眼角

123. 在男式分头缝发型的吹风中时，应先从小边的头路开始，吹压头路、吹头路轮廓、吹小边鬓角至（　　）。

    A. 前额 　　　　B. 顶部 　　　　C. 耳前侧 　　　　D. 后脑部

124. 在男式吹风中，吹小边的顺序是从小边的（　　）开始，用梳子将头发由前向后、由上向下斜梳，吹至后脑部分。

    A. 刘海 　　　　B. 鬓角 　　　　C. 额部 　　　　D. 耳上

125. 在男式发式吹风中，吹顶部头发的时候要分批进行，从接近（　　）的部位开始。

    A. 前额 　　　　B. 鬓角 　　　　C. 头路 　　　　D. 发旋

126. 在男式发式吹风中，吹顶部时，梳子的角度，要向（　　）略偏斜。

    A. 左侧 　　　　B. 右侧 　　　　C. 前方 　　　　D. 后方

127. 在男式发式吹前额部分时，如果纹理流向要求向后，则应先用梳刷将前额头发的根部（　　）拉出弧度。

    A. 往前 　　　　B. 往后 　　　　C. 往上 　　　　D. 往下

128. 在男式吹梳波浪式时，吹到最后一个波浪时，浪尾要（　　），使其与整个头发轮廓相衔接。

    A. 向前 　　　　B. 向后 　　　　C. 向上 　　　　D. 向下

129. 完成后的波浪须左右弯曲，方向交替，（　　）贯通，距离宽度适当，不应有脱节和不调和的现象。

    A. 前后衔接 　　　　B. 上下衔接 　　　　C. 左右衔接 　　　　D. 内外衔接

130. 在男式发式吹风中，要求吹风造型保持轮廓（　　），饱满自然的形象。

    A. 整齐 　　　　B. 齐圆 　　　　C. 方正 　　　　D. 明显

131. 在男式发分头路发型中，头路（    ）的头发吹压成有立体感。

A. 顶部         B. 大边         C. 小边         D. 顶端

132. 在男式发分头路发型中，（    ）的处理，对整个发式有很大的影响。

A. 后脑轮廓     B. 额前造型     C. 头路        D. 纹理流向

133. 在男式发式吹风中，周围平伏是指（    ）以上的轮廓部分头发梢平伏地贴在头发上。

A. 顶发         B. 鬓角         C. 前额         D. 后脑部

134. 在男式发式吹风中，吹风以后还必须使头发弯曲，发型持久，这就要求不仅吹得透，而且（    ）要配合密切。

A. 手指和头发              B. 手指和梳刷

C. 吹风机与手指           D. 吹风机与梳刷

135. 在男式发分头路发型压头缝时，梳背与头缝平行并与头皮保持约（    ）mm 的距离。

A. 5         B. 10         C. 15         D. 3

136. 吹头缝轮廓时要求头缝明显有（    ），发根站立，发干弯曲呈弧形，发梢侧向大边，头缝轮廓饱满。

A. 直立感       B. 弧形感       C. 饱满感       D. 立体感

137. 在男式发式吹梳小边时，用梳子将整个小边头发（    ）梳，吹风口对着发干，来回吹几次。

A. 向前         B. 向后         C. 向左         D. 向右

138. 在男式发式吹梳顶部时，从头路的顶部开始，梳齿插入头发至根部用（    ）的方法把头发梳起来。

A. "推"         B. "拉"         C. "挑"         D. "别"

139. 在男式发式吹梳顶部时，将梳子微微转动至（    ）之间，同时小吹风机对着梳齿下的头发送风。

A. 30°～45°      B. 45°～55°      C. 55°～60°      D. 60°～90°

140. 在男式发式吹梳大边侧顶部时，（    ）依次推进。

A. 自顶心向侧边　　　　　　　　B. 自侧边向顶心

C. 自后顶部向侧边　　　　　　　D. 自前额向侧边

141. 在男式发式吹梳前额时，如果纹理流向要求向后，则应先用梳刷将前额头发的根部（　　）拉出弧度。

A. 往左　　　　　B. 往右　　　　　C. 往前　　　　　D. 往后

142. 在女式吹风操作中，刷子的拉法有立起来拉和（　　）两种方式。

A. 平直形拉　　　B. 圆弧形拉　　　C. 波浪形拉　　　D. 斜形拉

143. 在女式吹风操作中，别法多用于（　　）发型。

A. 长发类　　　　B. 中长发类　　　C. 卷发类　　　　D. 直发类

144. 在女式吹风操作中，对于（　　），旋转法能增加头发的弹性和光泽度。

A. 卷发　　　　　B. 直发　　　　　C. 束发　　　　　D. 盘发

145. 在女式吹风操作中，（　　）是用刷子齿带动头发作180°的翻转的梳理方法。

A. 斜刷法　　　　B. 拉刷法　　　　C. 平刷法　　　　D. 翻刷法

146. 在女式吹风操作中，（　　）是将刷子平贴在头发上进行梳刷的方法。

A. 拉刷法　　　　B. 翻刷法　　　　C. 平刷法　　　　D. 斜刷法

147. 女式吹风梳理的质量标准要求发式（　　）饱满自然，配合脸型，适合头型。

A. 轮廓　　　　　B. 线条　　　　　C. 内轮廓　　　　D. 下沿线

148. 女式短发吹风梳理的程序一般从（　　）发区开始吹梳至前额刘海为止。

A. 后顶部　　　　B. 后颈部　　　　C. 左耳侧　　　　D. 右耳侧

149. 吹风造型时多用吹风口（　　）的风力。

A. 3/4　　　　　B. 1/2　　　　　C. 1/4　　　　　D. 1/3

150. 头顶尖、额角窄、下颌部窄小、颧骨突出、脸部较长的脸型是（　　）。

A. 方形脸　　　　B. 正三角形脸　　C. 长方形脸　　　D. 菱形脸

151. 长形头的特征是顶部较（　　），脸形较长，额骨突出。

A. 平　　　　　　B. 尖　　　　　　C. 低　　　　　　D. 高

152. 分割法是利用（　　）位置的变化来改变脸形、面积的比例。

A. 头缝　　　　　B. 线条　　　　　C. 层次　　　　　D. 轮廓

153. 遮盖法是对于发型不够完美的部分进行掩饰、遮盖，弥补和冲淡（　　）之处。

    A. 缺陷　　　　　　B. 暴露　　　　　　C. 突出　　　　　　D. 以上答案均正确

154. 方形脸吹风造型时要使顶部呈现出（　　）。

    A. 圆形　　　　　　B. 方形　　　　　　C. 蓬松状　　　　　　D. 隆起状

## 染发与护发

**一、判断题**（将判断结果填入括号中。正确的填"√"，错误的填"×"）

1. 染发手套是用来保护操作者手部的工具，有一次性与多次性之分，材质一般为塑料材质。（　　）

2. 工作服是用来保护操作者衣服的工具，主要用以防止染膏溅落在操作者的衣服上。（　　）

3. 毛巾是保护顾客衣服的工具，多数会选用浅色的毛巾垫在顾客的肩上。（　　）

4. 计时器是染发时计时的工具，用来控制染发剂涂放的时间。（　　）

5. 染发刷是在染发时作为涂刷染膏的工具，有带齿与不带齿的分别。（　　）

6. 渗透型染发剂的染料能够渗透到头发内部的髓质层，促使发色更加自然。（　　）

7. 染发剂按种类来分可分为暂时性染发剂、半永久性染发剂和永久性染发剂。（　　）

8. 暂时性染发剂可溶于水，它不会进入头皮的皮质层内，只是附着在表皮层。（　　）

9. 运用染发剂改变头发天然色的技巧称为染色。（　　）

10. 色调指头发在完成染发操作之后所呈现的颜色的级别。（　　）

11. 以与顾客原发色相同的色度级别的染发剂操作染发的过程，称为同度染。（　　）

12. 顾客自然生长的头发，称为原生发。（　　）

13. 沟通时得到的答案越具体，就越能准确地了解顾客的真正愿望。（　　）

14. 在染发前，要先观察头皮是否有损伤、出疹等现象，这些现象都可以染发。（　　）

15. 在白发染黑的操作中，信息掌握的越准确，出现染黑失败的机会就越小。（　　）

16. 皮肤过敏测试的检测结果是阳性时才可以进行染发服务。（　　）

17. 发束检验能有助于分析头发承受化学品的能力以及预测染后的效果。（　　）

18. 在做白发染黑之前，一般需要为顾客洗发，以洗去头发上的污垢以及残留的饰发产品。 （　）

19. 在染发前，应该为顾客披上围布，以保护顾客并避免污染顾客的衣服。 （　）

20. 染发时，如果顾客是长发，还需要在围布外披上披肩。 （　）

21. 染发时，根据顾客的要求和本身的白发状态，选择合适的染膏和双氧乳，如果是染黑，双氧乳建议使用9％。 （　）

22. 在白发染黑的操作中，可采用从上到下、由前到后的涂放方式。 （　）

23. 在白发染黑的操作中，鬓角和前额处以及头顶白发明显的地方应该最后涂放。 （　）

24. 白发染黑洗发时，可使用任意的洗发膏、护发素。 （　）

25. 调配染膏必须严格参照产品使用说明。 （　）

26. 护发素分为需要冲洗的护发素和免冲洗保湿护发素两类。 （　）

27. 加热类焗油护理产品分为营养焗油膏、修护受损发质的深层护理膏，倒模护理霜等。 （　）

28. 修护受损发质的深层护理膏在操作时不需要加热。 （　）

29. 为顾客使用精华素护发油护发时，需要加热。 （　）

30. 护发素其中的主要成分阳离子季铵盐可以中和残留在头发表面带阴离子的分子。 （　）

31. 护发素可维护1周左右的时间。 （　）

32. 加热类焗油产品的化学分子颗粒大，需要加热打开头发的表皮层，以方便进入头发内部修护头发。 （　）

33. 免加热类焗油产品保持的时间比加热类的焗油产品要更久。 （　）

34. 护发产品能阻隔高热与化学酸剂的侵害，帮助清除静电，使头发变得柔软、充满弹力。 （　）

35. 正常发质应在每次洗头之后使用专业护发素。 （　）

36. 正常发质每个月都需要在美发厅做一次加热类焗油护理。 （　）

37. 幼弱及受损发质应该每2～3周在美发厅内做一次加热类的焗油护理。 （　）

38. 极度受损发质需要每周做一次加热类的焗油护理。 　　　　　　　　　　　　（　　）

39. 护发操作时，全部头发都涂放完毕之后，将头发集中在头顶，并用夹子固定。

　　　　　　　　　　　　　　　　　　　　　　　　　　　　　　　　（　　）

40. 在涂抹护发产品时，不可涂到头皮，因为焗油护理产品会引起皮肤发炎。　（　　）

**二、单项选择题（选择一个正确的答案，将相应的字母填入题内的括号中）**

1. 试剂秤是用来调配染膏的工具，以（　　）为主。

　　A. 弹簧秤　　　　　B. 电子秤　　　　　C. 天平秤　　　　　D. 杆秤

2. 护耳套是用来保护顾客耳朵的工具，分为一次性与多次性，材质分为（　　）或胶质。

　　A. 塑料材质　　　　B. 竹质　　　　　　C. 布质　　　　　　D. 纸质

3. 夹子是染发操作时所使用的工具，在染发中用来夹住（　　）的头发。

　　A. 需要染　　　　　B. 不需要染　　　　C. 已经染过　　　　D. 未吹干

4. 计时器是染发时计时的工具，在染发时用来控制染发剂（　　）的时间。

　　A. 涂放　　　　　　B. 调配　　　　　　C. 冲洗　　　　　　D. 以上答案均正确

5. 染膏是染发剂的主要材料之一，（　　），可使头发改变成不同的颜色。

　　A. 单独使用　　　　B. 配合双氧乳　　　C. 配合水　　　　　D. 以上答案均正确

6. 半永久性染发剂这种染发剂可使头发保持色泽（　　）周。

　　A. 1～2　　　　　　B. 2～3　　　　　　C. 3～4　　　　　　D. 4～5

7. 染发剂渗透进头发（　　），沉积到头发皮质层中，使头发颜色改变，出现光泽。

　　A. 髓质层　　　　　B. 表皮层　　　　　C. 中心层　　　　　D. 以上答案均正确

8. 染发后最好使用（　　）洗发水冲洗，因为它能使头发收缩，使头发表层的毛鳞片关闭。

　　A. 碱性　　　　　　B. 弱碱性　　　　　C. 酸性　　　　　　D. 弱酸性

9. （　　）指头发在完成染发操作之后所呈现的颜色的级别。

　　A. 染色　　　　　　B. 色度　　　　　　C. 色调　　　　　　D. 基色

10. 彩染中主要靠（　　）来决定最后染发的效果。

　　A. 色度　　　　　　B. 色调　　　　　　C. 目标色　　　　　D. 基色

11. 顾客原生发的颜色或者之前有操作过染发所呈现出来的发色，称为（　　）。

    A. 基色　　　　　　B. 原发色　　　　　　C. 染色　　　　　　D. 色调

12. 在白发染黑的操作中，需要观察了解顾客白发的发量比例，白发分布的状况，之前染黑的（　　）等信息。

    A. 色度级别　　　　B. 发量多少　　　　　C. 发质　　　　　　D. 产品

13. 在进行染前皮肤过敏测试时，如果皮肤发红、肿胀、起泡或呼吸急促，即为（　　），不能染发，应寻求医生帮助。

    A. 阴性　　　　　　B. 碱性　　　　　　　C. 阳性　　　　　　D. 酸性

14. 在染发期间进行发束检验可了解染发剂的显色情况以及（　　）对头发及头皮的影响。

    A. 染膏　　　　　　B. 双氧乳　　　　　　C. 染发剂　　　　　D. 氧化剂

15. 在做白发染黑之前，一般需要为顾客（　　），以洗去头发上的污垢以及残留的饰发产品。

    A. 头部按摩　　　　B. 过敏测试　　　　　C. 肩部按摩　　　　D. 洗发

16. 在做白发染黑之前，如果顾客头发已经洗过不久且（　　），则不需要洗发。

    A. 没有涂放过饰发产品　　　　　　　　B. 涂放过饰发产品

    C. 已经吹干　　　　　　　　　　　　　D. 尚未吹干

17. 染发前，应在顾客的（　　）周围先围上毛巾，将毛巾水平地固定在顾客颈部周围，再披上染发围布。

    A. 肩部　　　　　　B. 颈部　　　　　　　C. 胸部　　　　　　D. 腿部

18. 在白发染黑时，染膏和双氧乳比例为（　　）调和。

    A. 2：1　　　　　　B. 1：5　　　　　　　C. 1：3　　　　　　D. 1：1

19. 白发染黑时，在头发上喷少量温水，轻轻揉搓头发，使发色更为均匀的步骤称为（　　）。

    A. 软化　　　　　　B. 乳化　　　　　　　C. 硬化　　　　　　D. 洗发

20. 白发染黑后，应使用弱酸性（　　）洗发膏、护发素。

    A. 专业烫后　　　　B. 专业修护　　　　　C. 专业染后　　　　D. 以上答案均正确

**21.** 染发操作时，需要认真地做好（　　）的保护工作，包括操作前及操作过程中。

　　A. 顾客　　　　　　B. 自己　　　　　　C. 顾客及自己　　　D. 工具

**22.** 护发素分为需要冲洗的护发素和免（　　）的保湿护发素两类。

　　A. 冲洗　　　　　　B. 焗油　　　　　　C. 加温　　　　　　D. 吹干

**23.** 修护（　　）发质的深层护理膏在操作时，需要加热。

　　A. 健康　　　　　　B. 粗硬　　　　　　C. 正常　　　　　　D. 受损

**24.** 保湿润发液属于（　　）产品。

　　A. 洗发类　　　　　　　　　　　　　B. 护发素

　　C. 加热类焗油护理　　　　　　　　　D. 免加热类焗油护理类

**25.** 护发素其中的主要成分阳离子季铵盐可以中和残留在头发表面带（　　）的分子。

　　A. 阳离子　　　　　B. 阴离子　　　　　C. 正离子　　　　　D. 负离子

**26.** 加热类焗油的主要成分——含生化活性复合物浓缩胺酸肽可使头发功能恢复正常，强壮头发（　　）。

　　A. 表皮层　　　　　B. 皮质层　　　　　C. 髓质层　　　　　D. 发根

**27.** 加热类焗油护理，可维护（　　）左右的时间。

　　A. 1～2 周　　　　B. 2～3 周　　　　C. 3～4 周　　　　D. 4 周以上

**28.** 免加热类焗油产品的化学分子颗粒小，容易进入头发（　　）。

　　A. 表面　　　　　　B. 内部　　　　　　C. 发根　　　　　　D. 发梢

**29.** 护发产品可以帮助清除（　　），使头发变得柔软、充满弹力。

　　A. 油脂　　　　　　B. 头屑　　　　　　C. 污垢　　　　　　D. 静电

**30.** 正常发质应在（　　）洗头之后使用专业护发素。

　　A. 每次　　　　　　B. 隔次　　　　　　C. 每 3 次　　　　　D. 每 4 次

**31.** 幼弱或受损发质在操作过烫染项目之后需要马上做一次（　　）。

　　A. 加热类的焗油护理　　　　　　　　B. 免加热类的焗油护理

　　C. 倒膜护理　　　　　　　　　　　　D. 柔顺护理

**32.** 幼弱及受损发质应该每（　　）在发廊内做一次加热类的焗油护理。

　　A. 周　　　　　　　B. 2～3 周　　　　C. 3～4 周　　　　D. 月

33. 极度受损发质需要每（　　）做一次加热类的焗油护理。

    A. 周　　　　　　　B. 2周　　　　　　　C. 3周　　　　　　　D. 月

34. 护发操作时，给头发加热（　　）min 左右，以使焗油护理产品完全渗透到头发里面。

    A. 10　　　　　　　B. 15　　　　　　　C. 20　　　　　　　D. 30

35. 护发结束后，用（　　）清洗头发，冲洗干净即可，不需另加护发素。

    A. 洗发水　　　　　B. 温水　　　　　　C. 热水　　　　　　D. 冷水

36. 在涂抹护发产品时，不可涂到头皮，因为焗油护理产品会堵塞（　　），引起脱发。

    A. 毛囊　　　　　　B. 毛孔　　　　　　C. 发根　　　　　　D. 发丝

# 第4部分

# 操作技能复习题

## 洗发、按摩

**一、洗发**（试题代码①：1.1.1；考核时间：5 min）

详见第6部分操作技能考核模拟试卷。

**二、头部、肩部、颈部、背部按摩**（试题代码：1.1.2；考核时间：10 min）

详见第6部分操作技能考核模拟试卷。

## 发型制作

**一、男式有色调分头路（两侧斜向后流向）发型**（试题代码：2.1.1；考核时间：35 min）

1. 试题单

（1）操作条件

1）男性模特一名，头发条件须符合美发师（五级）技能鉴定题库中本考题的要求。

2）大围布、干毛巾及全套美发工具、用品。

---

① 试题代码表示该试题在操作技能考核方案表格中的所属位置。左起第一位表示项目号，第二位表示单元号，第三位表示在该项目、单元下的第几个试题。

（2）操作内容

1）男式有色调分头路（两侧斜向后流向）发型——推剪（考核时间 20 min）。

2）男式有色调分头路（两侧斜向后流向）发型——吹风（考核时间 15 min）。

（3）操作要求

1）男式有色调分头路发型——推剪

①色调幅度 4 cm 以上。

②后颈部基线接头精细。

③两鬓、两侧、后颈部色调均匀。

④轮廓齐圆。

⑤两鬓、两侧相等。

⑥层次衔接调和无脱节。

2）男式有色调分头路发型——吹风

①头路明显整齐，有立体感。

②轮廓饱满自然。

③纹理清晰，有光亮度。

④四周平伏。

⑤发式造型配合脸形。

3）工具使用和安全卫生

①选择工具合理，操作程序正确。

②使用工具手法正确、熟练，无错误，工具不落地。

③考核过程中的操作方法符合卫生规范，不伤害顾客和自己。

注：

（1）推剪时必须整体剪去头发 2 cm 以上，否则推剪项目考评分均为 D 等。

（2）吹风造型后的发式定式正确，与考题相符，否则吹风造型项目的考评分均为 D 等。

附件：男式有色调分头路（两侧斜向后流向）发型效果图（供参考）。

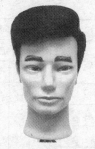
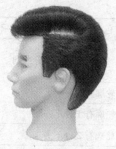
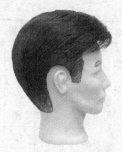

1. 正面造型效果图　　　2. 左侧面造型效果图　　　3. 右侧面造型效果图

## 2. 评分表

| 试题代码及名称 | | | 2.1.1　男式有色调分头路（两侧斜向后流向）发型 | | 考核时间 | | | 35 min | | |
|---|---|---|---|---|---|---|---|---|---|---|
| 评价要素 | 配分 | 等级 | 评分细则 | 评定等级 | | | | | 得分 |
| | | | | A | B | C | D | E | |
| 推剪（操作时间 20 min）： | | | | | | | | | |
| 1　色调幅度 4 cm 以上 | 4 | A | 色调幅度 4 cm 以上 | | | | | | |
| | | B | 色调幅度 4 cm 以下 | | | | | | |
| | | C | — | | | | | | |
| | | D | 色调幅度 3 cm 以下 | | | | | | |
| | | E | 未答题 | | | | | | |
| 2　后颈部接头精细 | 6 | A | 后颈部接头精细 | | | | | | |
| | | B | 后颈部接头有 1 处断痕 | | | | | | |
| | | C | 后颈部接头有 2 处断痕 | | | | | | |
| | | D | 后颈部接头有 3 处及 3 处以上断痕或成明显切线 | | | | | | |
| | | E | 考生未答题 | | | | | | |
| 3　两鬓、两侧、后颈部色调均匀 | 7 | A | 色调均匀 | | | | | | |
| | | B | 色调有 1 块不均匀 | | | | | | |
| | | C | 色调有 2 块不均匀 | | | | | | |
| | | D | 色调有 3 块及 3 块以上都不均匀 | | | | | | |
| | | E | 未答题 | | | | | | |

续表

| 试题代码及名称 | | | 2.1.1 男式有色调分头路（两侧斜向后流向）发型 | | 考核时间 | | | | 35 min | |
|---|---|---|---|---|---|---|---|---|---|---|
| 评价要素 | | 配分 | 等级 | 评分细则 | 评定等级 | | | | | 得分 |
| | | | | | A | B | C | D | E | |
| 4 | 轮廓齐圆 | 6 | A | 轮廓齐圆 | | | | | | |
| | | | B | 轮廓有1处不齐圆 | | | | | | |
| | | | C | 轮廓有2处不齐圆 | | | | | | |
| | | | D | 轮廓有3处及3处以上不齐圆 | | | | | | |
| | | | E | 未答题 | | | | | | |
| 5 | 两鬓、两侧相等 | 4 | A | 两鬓、两侧相等 | | | | | | |
| | | | B | 两鬓、两侧有1处不相等 | | | | | | |
| | | | C | 两鬓、两侧有2处不相等 | | | | | | |
| | | | D | 两鬓、两侧有3处及3处以上不相等 | | | | | | |
| | | | E | 未答题 | | | | | | |
| 6 | 层次衔接调和无脱节 | 6 | A | 层次衔接调和无脱节 | | | | | | |
| | | | B | 层次衔接有1处脱节 | | | | | | |
| | | | C | 层次衔接有2处脱节 | | | | | | |
| | | | D | 层次衔接有3处及3处以上脱节 | | | | | | |
| | | | E | 未答题 | | | | | | |
| 吹风（操作时间15 min）： | | | | | | | | | | |
| 1 | 头路明显整齐，有立体感 | 3 | A | 头路明显整齐，有立体感 | | | | | | |
| | | | B | 头路基本明显整齐，有一定的立体感 | | | | | | |
| | | | C | 头路不够明显整齐，立体感不够 | | | | | | |
| | | | D | 头路明显不整齐、无立体感 | | | | | | |
| | | | E | 未答题 | | | | | | |
| 2 | 轮廓饱满自然 | 6 | A | 轮廓饱满自然 | | | | | | |
| | | | B | 轮廓有1处不够饱满 | | | | | | |
| | | | C | 轮廓有2处不够饱满 | | | | | | |
| | | | D | 轮廓呆板、生硬，有3处及3处以上不够饱满 | | | | | | |
| | | | E | 未答题 | | | | | | |

续表

| 试题代码及名称 | | | 2.1.1　男式有色调分头路（两侧斜向后流向）发型 | | 考核时间 | | | 35 min | |
|---|---|---|---|---|---|---|---|---|---|
| 评价要素 | 配分 | 等级 | 评分细则 | 评定等级 A | B | C | D | E | 得分 |
| 3　纹理清晰，有光亮度 | 5 | A | 纹理清晰，有光亮度 | | | | | | |
| | | B | 纹理有 1 处不够清晰、光亮 | | | | | | |
| | | C | 纹理有 2 处不够清晰、光亮 | | | | | | |
| | | D | 纹理有 3 处及 3 处以上不清晰、不光亮 | | | | | | |
| | | E | 未答题 | | | | | | |
| 4　四周平伏 | 4 | A | 四周平伏 | | | | | | |
| | | B | 四周有 1 处不够平伏 | | | | | | |
| | | C | 四周有 2 处不够平伏 | | | | | | |
| | | D | 四周有 3 处及 3 处以上不够平伏 | | | | | | |
| | | E | 未答题 | | | | | | |
| 5　发式造型配合脸形 | 5 | A | 发式造型配合脸形 | | | | | | |
| | | B | 发式造型较配合脸形，左右两侧略有不够 | | | | | | |
| | | C | 发式造型基本配合脸形，顶部高低处理不当 | | | | | | |
| | | D | 发式造型与脸形不相配，顶部与两侧均不配合脸形 | | | | | | |
| | | E | 未答题 | | | | | | |
| 工具使用与安全卫生： | | | | | | | | | |
| 1　选择工具合理，操作程序正确 | 1 | A | 选择工具合理，操作程序正确 | | | | | | |
| | | B | 选择工具比较合理，操作程序基本正确 | | | | | | |
| | | C | 选择工具不太合理，操作程序基本正确 | | | | | | |
| | | D | 选择工具不合理，操作程序不正确 | | | | | | |
| | | E | 未答题 | | | | | | |
| 2　使用工具手法正确、熟练，无错误，工具不落地 | 2 | A | 使用工具手法正确、熟练、无错误，工具不落地 | | | | | | |
| | | B | 使用工具手法基本正确、较熟练，无错误，工具不落地 | | | | | | |

续表

| 试题代码及名称 | | | 2.1.1 男式有色调分头路（两侧斜向后流向）发型 | | 考核时间 | | | | 35 min | |
|---|---|---|---|---|---|---|---|---|---|---|
| 评价要素 | 配分 | 等级 | 评分细则 | 评定等级 | | | | | | 得分 |
| | | | | A | B | C | D | E | | |
| 2 使用工具手法正确、熟练，无错误，工具不落地 | 2 | C | 使用工具手法不太正确、不太熟练，无大错误，工具不落地 | | | | | | | |
| | | D | 使用工具手法不正确、不熟练，有错误，工具落地 | | | | | | | |
| | | E | 未答题 | | | | | | | |
| 3 操作方法符合卫生规范，不伤害顾客和自己 | 1 | A | 操作方法符合卫生规范，不伤害顾客和自己 | | | | | | | |
| | | B | 操作方法基本符合卫生规范，未伤害顾客和自己 | | | | | | | |
| | | C | 操作方法不太符合卫生规范，未伤害顾客和自己 | | | | | | | |
| | | D | 操作方法不符合卫生规范，伤害顾客和自己 | | | | | | | |
| | | E | 未答题 | | | | | | | |
| 合计配分 | 60 | | 合 计 得 分 | | | | | | | |

注：

1. 推剪中整体至少剪去头发2 cm以上，此项为否定项，如整体剪去头发少于2 cm，则推剪项目考评分均为D等。

2. 吹风中发式定型准确，此项为否定项，如吹风后的发式与考题不相符，则吹风造型项目的考评分均为D等。

| 等级 | A（优） | B（良） | C（及格） | D（较差） | E（差或未答题） |
|---|---|---|---|---|---|
| 比值 | 1.0 | 0.8 | 0.6 | 0.2 | 0 |

"评价要素"得分＝配分×等级比值。

## 二、男式有色调无头路（斜向后流向）发型（试题代码：2.1.2；考核时间：35 min）

1. 试题单

（1）操作条件

1）男性模特一名，头发条件须符合美发师（五级）技能鉴定中本考题的要求。

2）大围布、干毛巾及全套美发工具、用品。

（2）操作内容

1）男式有色调无头路（斜向后流向）发型——推剪（考核时间 20 min）。

2）男式有色调无头路（斜向后流向）发型——推剪（考核时间 15 min）。

（3）操作要求

1）男式有色调无头路（斜向后流向）发型——推剪

①色调幅度 4 cm 以上。

②后颈部接头精细。

③两鬓、两侧、后颈部色调均匀。

④轮廓齐圆。

⑤两鬓、两侧相等。

⑥层次衔接调和无脱节。

2）男式有色调无头路（斜向后流向）发型——吹风

①方圆形轮廓饱满自然。

②丝纹流向清晰，有光亮度。

③四周平伏。

④发式造型配合脸形。

3）工具使用和安全卫生

①选择工具合理，操作程序正确。

②使用工具手法正确、熟练，无错误，工具不落地。

③考核过程中的操作方法符合卫生规范，不伤害顾客和自己。

注：

（1）推剪时必须整体剪去头发 2 cm 以上，否则推剪项目考评分均为 D 等。

（2）吹风造型后的发式定式正确，与考题相符，否则吹风造型项目的考评分均为 D 等。

附件：男式有色调无头路（斜向后流向）发型效果图（供参考）。

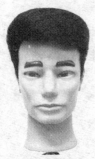  

1.正面造型效果图　　　　2.右侧面造型效果图　　　　3.左侧面造型效果图

## 2. 评分表

| 试题代码及名称 | | | 2.1.2　男式有色调无头路（斜向后流向）发型 | 考核时间 | | | 35 min | |
|---|---|---|---|---|---|---|---|---|
| 评价要素 | 配分 | 等级 | 评分细则 | 评定等级 | | | | 得分 |
| | | | | A | B | C | D | E |

推剪（操作时间 20 min）：

| 序号 | 评价要素 | 配分 | 等级 | 评分细则 | A | B | C | D | E | 得分 |
|---|---|---|---|---|---|---|---|---|---|---|
| 1 | 色调幅度 4 cm 以上 | 4 | A | 色调幅度 4 cm 以上 | | | | | | |
| | | | B | 色调幅度 4 cm 以下 | | | | | | |
| | | | C | — | | | | | | |
| | | | D | 色调幅度 3 cm 以下 | | | | | | |
| | | | E | 未答题 | | | | | | |
| 2 | 后颈部接头精细 | 6 | A | 后颈部接头精细 | | | | | | |
| | | | B | 后颈部接头有 1 处断痕 | | | | | | |
| | | | C | 后颈部接头有 2 处断痕 | | | | | | |
| | | | D | 后颈部接头有 3 处及 3 处以上断痕或成明显切线 | | | | | | |
| | | | E | 未答题 | | | | | | |
| 3 | 两鬓、两侧、后颈部色调均匀 | 7 | A | 色调均匀 | | | | | | |
| | | | B | 色调有 1 块不均匀 | | | | | | |
| | | | C | 色调有 2 块不均匀 | | | | | | |
| | | | D | 色调有 3 块及 3 块以上都不均匀 | | | | | | |
| | | | E | 未答题 | | | | | | |

| 试题代码及名称 | | | 2.1.2　男式有色调无头路（斜向后流向）发型 | | 考核时间 | | 35 min | | |
|---|---|---|---|---|---|---|---|---|---|
| 评价要素 | | 配分 | 等级 | 评分细则 | 评定等级 | | | | 得分 |
| | | | | | A | B | C | D | E |
| 4 | 轮廓齐圆 | 6 | A | 轮廓齐圆 | | | | | |
| | | | B | 轮廓有 1 处不齐圆 | | | | | |
| | | | C | 轮廓有 2 处不齐圆 | | | | | |
| | | | D | 轮廓有 3 处及 3 处以上不齐圆 | | | | | |
| | | | E | 未答题 | | | | | |
| 5 | 两鬓、两侧相等 | 4 | A | 两鬓、两侧相等 | | | | | |
| | | | B | 两鬓、两侧有 1 处不相等 | | | | | |
| | | | C | 两鬓、两侧有 2 处不相等 | | | | | |
| | | | D | 两鬓、两侧有 3 处及 3 处以上不相等 | | | | | |
| | | | E | 未答题 | | | | | |
| 6 | 层次衔接调和无脱节 | 6 | A | 层次衔接调和无脱节 | | | | | |
| | | | B | 层次衔接有 1 处脱节 | | | | | |
| | | | C | 层次衔接有 2 处脱节 | | | | | |
| | | | D | 层次衔接有 3 处及 3 处以上脱节 | | | | | |
| | | | E | 未答题 | | | | | |

吹风（操作时间 15 min）：

| 1 | 方圆形轮廓饱满自然 | 7 | A | 方圆形轮廓饱满自然 | | | | | |
|---|---|---|---|---|---|---|---|---|---|
| | | | B | 方圆形轮廓有 1 处不够饱满自然 | | | | | |
| | | | C | 方圆形轮廓有 2 处不够饱满自然 | | | | | |
| | | | D | 方圆形轮廓有 3 处及 3 处以上不够饱满、呆板 | | | | | |
| | | | E | 未答题 | | | | | |
| 2 | 纹理流向清晰，有光亮度 | 5 | A | 纹理流向清晰，有光亮度 | | | | | |
| | | | B | 纹理流向有 1 处不够清晰、光亮 | | | | | |
| | | | C | 纹理流向有 2 处不够清晰、光亮 | | | | | |
| | | | D | 纹理流向有 3 处及 3 处以上不够清晰、不光亮 | | | | | |
| | | | E | 未答题 | | | | | |

续表

| 试题代码及名称 | | | 2.1.2 | 男式有色调无头路（斜向后流向）发型 | | 考核时间 | | | | 35 min | |
|---|---|---|---|---|---|---|---|---|---|---|---|

| 评价要素 | | 配分 | 等级 | 评分细则 | 评定等级 | | | | | 得分 |
|---|---|---|---|---|---|---|---|---|---|---|
| | | | | | A | B | C | D | E | |
| 3 | 四周平伏 | 5 | A | 四周平伏 | | | | | | |
| | | | B | 四周有1处不够平伏 | | | | | | |
| | | | C | 四周有2处不够平伏 | | | | | | |
| | | | D | 四周有3处及3处以上不够平伏 | | | | | | |
| | | | E | 未答题 | | | | | | |
| 4 | 发式造型配合脸形 | 6 | A | 发式造型配合脸形 | | | | | | |
| | | | B | 发式造型较配合脸形，左右两侧略有不够 | | | | | | |
| | | | C | 发式造型基本配合脸形，顶部高低处理不当 | | | | | | |
| | | | D | 发式造型与脸形不相配，顶部与两侧均不配合脸形 | | | | | | |
| | | | E | 未答题 | | | | | | |

工具使用与安全卫生：

| | | 配分 | 等级 | 评分细则 | A | B | C | D | E | 得分 |
|---|---|---|---|---|---|---|---|---|---|---|
| 1 | 选择工具合理，操作程序正确 | 1 | A | 选择工具合理，操作程序正确 | | | | | | |
| | | | B | 选择工具比较合理，操作程序基本正确 | | | | | | |
| | | | C | 选择工具不太合理，操作程序基本正确 | | | | | | |
| | | | D | 选择工具不合理，操作程序不正确 | | | | | | |
| | | | E | 未答题 | | | | | | |
| 2 | 使用工具手法正确、熟练，无错误，工具不落地 | 2 | A | 使用工具手法正确、熟练，无错误，工具不落地 | | | | | | |
| | | | B | 使用工具手法基本正确、较熟练，无错误，工具不落地 | | | | | | |
| | | | C | 使用工具手法不太正确、不太熟练，无大错误，工具不落地 | | | | | | |
| | | | D | 使用工具手法不正确、不熟练，有错误，工具落地 | | | | | | |
| | | | E | 未答题 | | | | | | |

续表

| 试题代码及名称 | | | 2.1.2 男式有色调无头路（斜向后流向）发型 | | | 考核时间 | | | | 35 min | |
|---|---|---|---|---|---|---|---|---|---|---|---|
| 评价要素 | 配分 | 等级 | 评分细则 | 评定等级 | | | | | 得分 | | |
| | | | | A | B | C | D | E | | | |
| 3 操作方法符合卫生规范，不伤害顾客和自己 | 1 | A | 操作方法符合卫生规范，不伤害顾客和自己 | | | | | | | | |
| | | B | 操作方法基本符合卫生规范，未伤害顾客和自己 | | | | | | | | |
| | | C | 操作方法不太符合卫生规范，未伤害顾客和自己 | | | | | | | | |
| | | D | 操作方法不符合卫生规范，伤害顾客和自己 | | | | | | | | |
| | | E | 未答题 | | | | | | | | |
| 合计配分 | 60 | | 合 计 得 分 | | | | | | | | |

注：

1. 推剪中整体至少剪去头发 2 cm 以上，此项为否定项，如整体剪去头发少于 2 cm，则推剪项目考评分均为 D 等。
2. 吹风中发式定型准确，此项为否定项，如吹风后的发式与考题不相符，则吹风造型项目的考评分均为 D 等。

| 等级 | A（优） | B（良） | C（及格） | D（较差） | E（差或未答题） |
|---|---|---|---|---|---|
| 比值 | 1.0 | 0.8 | 0.6 | 0.2 | 0 |

"评价要素"得分＝配分×等级比值。

## 三、女式短发均等层次发型（试题代码：2.1.4；考核时间：35 min）

1. 试题单

（1）操作条件

1）女性模特一名，头发条件须符合美发师（五级）技能鉴定题库中本考题的要求。

2）大围布、干毛巾及全套美发工具、用品。

（2）操作内容

1）女式短发均等层次发型——修剪（考核时间 20 min）。

2）女式短发均等层次发型——吹风（考核时间 15 min）。

（3）操作要求

1）女式短发均等层次发型——修剪

①四周轮廓线完整。

②刘海与两侧相衔接。

③两侧与后颈部相衔接。

④均等层次调和无脱节。

⑤左右两侧相等。

⑥轮廓饱满圆润。

2）女式短发均等层次发型——吹风

①球形轮廓饱满圆润。

②纹理流向清晰。

③丝纹光泽亮丽。

④发式造型配合脸形。

3）工具使用和安全卫生

①选择工具合理，操作程序正确。

②使用工具手法正确、熟练，无错误，工具不落地。

③考核过程中的操作方法符合卫生规范，不伤害顾客和自己。

注：

（1）修剪中整体至少剪去头发2 cm以上，此项为否定项，如整体剪去头发少于2 cm，则修剪项目考评分均为D等。

（2）吹风中发式定型准确，此项为否定项，如吹风后的发式与考题不相符，则吹风造型项目的考评分均为D等。

附：女式短发均等层次发型效果图（供参考）。

 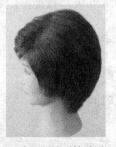  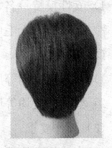

1. 正面造型效果图　　2. 左侧面造型效果图　　3. 右侧面造型效果图　　4. 正后面造型效果图

## 2. 评分表

| 试题代码及名称 | | | 2.1.4　女式短发均等层次发型 | | 考核时间 | | | 35 min | |
|---|---|---|---|---|---|---|---|---|---|
| 评价要素 | 配分 | 等级 | 评分细则 | 评定等级 | | | | | 得分 |
| | | | | A | B | C | D | E | |

修剪（操作时间 20 min）：

| | | | | | | | | | | |
|---|---|---|---|---|---|---|---|---|---|---|
| 1 | 刘海与两侧相衔接 | 6 | A | 刘海与两侧相衔接 | | | | | | |
| | | | B | 刘海与两侧有 1 处脱节 | | | | | | |
| | | | C | 刘海与两侧有 2 处脱节 | | | | | | |
| | | | D | 刘海与两侧有 3 处及 3 处以上脱节 | | | | | | |
| | | | E | 未答题 | | | | | | |
| 2 | 两侧与后颈部相衔接 | 6 | A | 两侧与后颈部相衔接 | | | | | | |
| | | | B | 两侧与后颈部有 1 处脱节 | | | | | | |
| | | | C | 两侧与后颈部有 2 处脱节 | | | | | | |
| | | | D | 两侧与后颈部有 3 处及 3 处以上脱节 | | | | | | |
| | | | E | 未答题 | | | | | | |
| 3 | 均等层次调和无脱节 | 8 | A | 均等层次调和无脱节 | | | | | | |
| | | | B | 均等层次有 1 处脱节 | | | | | | |
| | | | C | 均等层次有 2 处脱节 | | | | | | |
| | | | D | 均等层次有 3 处及 3 处以上脱节 | | | | | | |
| | | | E | 未答题 | | | | | | |
| 4 | 左右两侧相等 | 5 | A | 左右两侧相等 | | | | | | |
| | | | B | 左右两侧有 1 处不相等 | | | | | | |
| | | | C | 左右两侧有 2 处不相等 | | | | | | |
| | | | D | 左右两侧有 3 处及 3 处以上不相等 | | | | | | |
| | | | E | 未答题 | | | | | | |
| 5 | 轮廓饱满圆润 | 4 | A | 轮廓饱满圆润 | | | | | | |
| | | | B | 轮廓有 1 处不够饱满圆润 | | | | | | |
| | | | C | 轮廓有 2 处不够饱满圆润 | | | | | | |
| | | | D | 轮廓有 3 处及 3 处以上不够饱满圆润 | | | | | | |
| | | | E | 未答题 | | | | | | |

续表

| 试题代码及名称 | | | | 2.1.4　女式短发均等层次发型 | | 考核时间 | | 35 min | | |
|---|---|---|---|---|---|---|---|---|---|---|
| 评价要素 | | 配分 | 等级 | 评分细则 | 评定等级 | | | | | 得分 |
| | | | | | A | B | C | D | E | |

| 6 | 四周轮廓线完整 | 4 | A | 四周轮廓线完整 | | | | | | |
| | | | B | 四周轮廓线有 1 处断痕 | | | | | | |
| | | | C | 四周轮廓线有 2 处断痕 | | | | | | |
| | | | D | 四周轮廓线不完整，有 3 处及 3 处以上断痕 | | | | | | |
| | | | E | 未答题 | | | | | | |

吹风（操作时间 15 min）：

| 1 | 球形轮廓饱满圆润 | 6 | A | 球形轮廓饱满圆润 | | | | | | |
| | | | B | 球形轮廓有 1 处不够饱满圆润 | | | | | | |
| | | | C | 球形轮廓有 2 处不够饱满圆润 | | | | | | |
| | | | D | 球形轮廓有 3 处及 3 处以上呆板、生硬 | | | | | | |
| | | | E | 未答题 | | | | | | |
| 2 | 纹理流向清晰 | 5 | A | 纹理流向清晰 | | | | | | |
| | | | B | 纹理流向有 1 处不够清晰 | | | | | | |
| | | | C | 纹理流向有 2 处不够清晰 | | | | | | |
| | | | D | 纹理流向有 3 处及 3 处以上不够清晰 | | | | | | |
| | | | E | 未答题 | | | | | | |
| 3 | 丝纹光泽亮丽 | 6 | A | 丝纹光泽亮丽 | | | | | | |
| | | | B | 丝纹有 1 处不够光泽亮丽 | | | | | | |
| | | | C | 丝纹有 2 处不够光泽亮丽 | | | | | | |
| | | | D | 丝纹有 3 处及 3 处以上不够光泽亮丽 | | | | | | |
| | | | E | 未答题 | | | | | | |
| 4 | 发式造型配合脸形 | 6 | A | 发式造型配合脸形 | | | | | | |
| | | | B | 发式造型比较配合脸形，两侧轮廓与脸型不相配 | | | | | | |
| | | | C | 发式造型基本配合脸形，顶部轮廓与脸型不相配 | | | | | | |

| 试题代码及名称 | | | 2.1.4　女式短发均等层次发型 | 考核时间 | | 35 min | | | |
|---|---|---|---|---|---|---|---|---|---|
| 评价要素 | 配分 | 等级 | 评分细则 | 评定等级 | | | | | 得分 |
| | | | | A | B | C | D | E | |
| 4　发式造型配合脸形 | 6 | D | 顶部、两侧的轮廓与脸形不相配 | | | | | | |
| | | E | 未答题 | | | | | | |
| 工具使用与安全卫生： | | | | | | | | | |
| 1　选择工具合理，操作程序正确 | 1 | A | 选择工具合理，操作程序正确 | | | | | | |
| | | B | 选择工具比较合理，操作程序基本正确 | | | | | | |
| | | C | 选择工具不太合理，操作程序基本正确 | | | | | | |
| | | D | 选择工具不合理，操作程序不正确 | | | | | | |
| | | E | 未答题 | | | | | | |
| 2　使用工具手法正确、熟练，无错误，工具不落地 | 2 | A | 使用工具手法正确、熟练、无错误，工具不落地 | | | | | | |
| | | B | 使用工具手法基本正确、较熟练，无错误，工具不落地 | | | | | | |
| | | C | 使用工具手法不太正确、不太熟练，无大错误，工具不落地 | | | | | | |
| | | D | 使用工具手法不正确、不熟练，有错误，工具落地 | | | | | | |
| | | E | 未答题 | | | | | | |
| 3　操作方法符合卫生规范，不伤害顾客和自己 | 1 | A | 操作方法符合卫生规范，不伤害顾客和自己 | | | | | | |
| | | B | 操作方法基本符合卫生规范，未伤害顾客和自己 | | | | | | |
| | | C | 操作方法不太符合卫生规范，未伤害顾客和自己 | | | | | | |
| | | D | 操作方法不符合卫生规范，伤害顾客和自己 | | | | | | |
| | | E | 未答题 | | | | | | |
| 合计配分 | 60 | | 合　计　得　分 | | | | | | |

注：

1. 修剪中整体至少剪去头发 2 cm 以上，此项为否定项，如整体剪去头发少于 2 cm，则修剪项目考评分均评 D 等。

2. 吹风中发式定型准确，此项为否定项，如吹风后的发式与考题要求不一致，则吹风项目考评分均评 D 等。

| 等级 | A（优） | B（良） | C（及格） | D（较差） | E（差或未答题） |
|------|--------|--------|----------|----------|----------------|
| 比值 | 1.0 | 0.8 | 0.6 | 0.2 | 0 |

"评价要素"得分＝配分×等级比值。

### 四、女式短发边沿层次发型（试题代码：2.1.5；考核时间：35 min）

1. 试题单

（1）操作条件

1）女性模特一名，头发条件须符合美发师（五级）技能鉴定题库中本考题的要求。

2）大围布、干毛巾及全套美发工具、用品。

（2）操作内容

1）女式短发边沿层次发型——修剪（考核时间 20 min）。

2）女式短发边沿层次发型——吹风（考核时间 15 min）。

（3）操作要求

1）女式短发边沿层次发型——修剪

①刘海与两侧相衔接。

②两侧与后颈部相衔接。

③边沿层次轮廓线整齐。

④左右两侧相等。

⑤轮廓自然圆润。

⑥发量厚薄适宜。

2）女式短发边沿层次发型——吹风

①轮廓自然饱满。

②纹理流向清晰。

③线条简洁自然。

④发式造型配合脸形。

3）工具使用和安全卫生

①选择工具合理，操作程序正确。

②使用工具手法正确、熟练，无错误，工具不落地。

③考核过程中的操作方法符合卫生规范，不伤害顾客和自己。

注：

（1）修剪时必须整体剪去头发 2 cm 以上，否则修剪项目考评分均为 D 等。

（2）吹风造型后的发式定式正确，与考题相符，否则吹风造型项目考评分均为 D 等。

附：女式短发边沿层次发型效果图（供参考）。

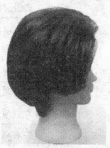

| 1.正面造型效果图 | 2.左侧面造型效果图 | 3.右侧面造型效果图 | 4.正后面造型效果图 |

## 2. 评分表

| 试题代码及名称 | | | 2.1.5　女式短发边沿层次发型 | | 考核时间 | | | 35 min | | |
|---|---|---|---|---|---|---|---|---|---|---|
| 评价要素 | 配分 | 等级 | 评分细则 | 评定等级 | | | | | 得分 | |
| | | | | A | B | C | D | E | | |
| 修剪（操作时间 20 min）： | | | | | | | | | | |
| 1　刘海与两侧相衔接 | 6 | A | 刘海与两侧相衔接 | | | | | | | |
| | | B | 刘海与两侧有 1 处脱节 | | | | | | | |
| | | C | 刘海与两侧有 2 处脱节 | | | | | | | |
| | | D | 刘海与两侧有 3 处及 3 处以上脱节 | | | | | | | |
| | | E | 未答题 | | | | | | | |
| 2　两侧与后颈部相衔接 | 6 | A | 两侧与后颈部相衔接 | | | | | | | |
| | | B | 两侧与后颈部有 1 处脱节 | | | | | | | |
| | | C | 两侧与后颈部有 2 处脱节 | | | | | | | |
| | | D | 两侧与后颈部有 3 处及 3 处以上脱节 | | | | | | | |
| | | E | 未答题 | | | | | | | |

续表

| 试题代码及名称 | | | | 2.1.5 女式短发边沿层次发型 | | 考核时间 | | | 35 min | |
|---|---|---|---|---|---|---|---|---|---|---|
| 评价要素 | | 配分 | 等级 | 评分细则 | 评定等级 | | | | | 得分 |
| | | | | | A | B | C | D | E | |
| 3 | 边沿层次轮廓线整齐 | 7 | A | 边沿层次轮廓线整齐 | | | | | | |
| | | | B | 边沿层次轮廓线有 1 处不整齐 | | | | | | |
| | | | C | 边沿层次轮廓线有 2 处不整齐 | | | | | | |
| | | | D | 边沿层次轮廓线有 3 处及 3 处以上不整齐 | | | | | | |
| | | | E | 未答题 | | | | | | |
| 4 | 左右两侧相等 | 5 | A | 左右两侧相等 | | | | | | |
| | | | B | 左右两侧有 1 处不相等 | | | | | | |
| | | | C | 左右两侧有 2 处不相等 | | | | | | |
| | | | D | 左右两侧有 3 处及 3 处以上不相等 | | | | | | |
| | | | E | 未答题 | | | | | | |
| 5 | 轮廓自然圆润 | 5 | A | 轮廓自然圆润 | | | | | | |
| | | | B | 轮廓有 1 处不够自然圆润 | | | | | | |
| | | | C | 轮廓有 2 处不够自然圆润 | | | | | | |
| | | | D | 轮廓有 3 处及 3 处以上不够自然圆润 | | | | | | |
| | | | E | 未答题 | | | | | | |
| 6 | 发量厚薄适宜 | 4 | A | 发量厚薄适宜 | | | | | | |
| | | | B | 发量有 1 处较厚或较薄 | | | | | | |
| | | | C | 发量有 2 处较厚或较薄 | | | | | | |
| | | | D | 发量有 3 处及 3 处以上较厚或较薄 | | | | | | |
| | | | E | 未答题 | | | | | | |
| 吹风（操作时间 15 min）： | | | | | | | | | | |
| 1 | 轮廓自然饱满 | 6 | A | 轮廓自然饱满 | | | | | | |
| | | | B | 轮廓有 1 处不够自然饱满 | | | | | | |
| | | | C | 轮廓有 2 处不够自然饱满 | | | | | | |
| | | | D | 轮廓有 3 处及 3 处以上生硬、呆板 | | | | | | |
| | | | E | 未答题 | | | | | | |

续表

| 试题代码及名称 | | | | 2.1.5　女式短发边沿层次发型 | | 考核时间 | | 35 min | | |
|---|---|---|---|---|---|---|---|---|---|---|
| 评价要素 | | 配分 | 等级 | 评分细则 | 评定等级 | | | | | 得分 |
| | | | | | A | B | C | D | E | |
| 2 | 纹理流向清晰 | 5 | A | 纹理流向清晰 | | | | | | |
| | | | B | 纹理流向有1处不够清晰 | | | | | | |
| | | | C | 纹理流向有2处不够清晰 | | | | | | |
| | | | D | 纹理流向有3处及3处以上含糊不清晰 | | | | | | |
| | | | E | 未答题 | | | | | | |
| 3 | 线条简洁自然 | 6 | A | 线条简洁自然 | | | | | | |
| | | | B | 线条比较简洁自然，有1处较烦琐杂乱 | | | | | | |
| | | | C | 线条基本简洁自然，有2处较烦琐杂乱 | | | | | | |
| | | | D | 有3处及3处以上线条烦琐、杂乱 | | | | | | |
| | | | E | 未答题 | | | | | | |
| 4 | 发式造型配合脸形 | 6. | A | 发式造型配合脸形 | | | | | | |
| | | | B | 发式造型比较配合脸形，两侧轮廓与脸型配合不够 | | | | | | |
| | | | C | 发式造型基本配合脸形，顶部轮廓与脸型处理不当 | | | | | | |
| | | | D | 顶部、两侧的轮廓与脸形不相配 | | | | | | |
| | | | E | 未答题 | | | | | | |
| 工具使用与安全卫生： | | | | | | | | | | |
| 1 | 选择工具合理，操作程序正确 | 1 | A | 选择工具合理，操作程序正确 | | | | | | |
| | | | B | 选择工具比较合理，操作程序基本正确 | | | | | | |
| | | | C | 选择工具不太合理，操作程序基本正确 | | | | | | |
| | | | D | 选择工具不合理，操作程序不正确 | | | | | | |
| | | | E | 未答题 | | | | | | |
| 2 | 使用工具手法正确、熟练，无错误，工具不落地 | 2 | A | 使用工具手法正确、熟练，无错误，工具不落地 | | | | | | |
| | | | B | 使用工具手法基本正确、较熟练，无错误，工具不落地 | | | | | | |

续表

| 试题代码及名称 | | | | 2.1.5　女式短发边沿层次发型 | | 考核时间 | | 35 min | | |
|---|---|---|---|---|---|---|---|---|---|---|
| 评价要素 | | 配分 | 等级 | 评分细则 | 评定等级 | | | | | 得分 |
| | | | | | A | B | C | D | E | |
| 2 | 使用工具手法正确、熟练，无错误，工具不落地 | 2 | C | 使用工具手法不太正确、不太熟练，无大错误，工具不落地 | | | | | | |
| | | | D | 使用工具手法不正确、不熟练，有错误，工具落地 | | | | | | |
| | | | E | 考生未答题 | | | | | | |
| 3 | 操作方法符合卫生规范，不伤害顾客和自己 | 1 | A | 操作方法符合卫生规范，不伤害顾客和自己 | | | | | | |
| | | | B | 操作方法基本符合卫生规范，未伤害顾客和自己 | | | | | | |
| | | | C | 操作方法不太符合卫生规范，未伤害顾客和自己 | | | | | | |
| | | | D | 操作方法不符合卫生规范，伤害顾客和自己 | | | | | | |
| | | | E | 考生未答题 | | | | | | |
| 合计配分 | | 60 | | 合　计　得　分 | | | | | | |

注：

1. 修剪中整体至少剪去头发 2 cm 以上，此项为否定项，如整体剪去头发少于 2 cm，则修剪项目考评分均评 D 等。

2. 吹风中发式定型准确，此项为否定项，如吹风后的发式与考题要求不一致，则吹风项目考评分均评 D 等。

| 等级 | A（优） | B（良） | C（及格） | D（较差） | E（差或未答题） |
|---|---|---|---|---|---|
| 比值 | 1.0 | 0.8 | 0.6 | 0.2 | 0 |

"评价要素"得分＝配分×等级比值。

## 五、女式短发渐增层次发型（试题代码：2.1.6；考核时间：35 min）

### 1. 试题单

（1）操作条件

1）女性模特一名，头发条件须符合美发师（五级）技能鉴定题库中本考题的要求。

2）大围布、干毛巾及全套美发工具、用品。

（2）操作内容

1）女式短发渐增层次发型——修剪（考核时间 20 min）。

2）女式短发渐增层次发型——吹风（考核时间 15 min）。

（3）操作要求

1）女式短发渐增层次发型——修剪

①刘海与两侧相衔接。

②两侧与后颈部相衔接。

③渐增层次衔接自然。

④左右两侧相等。

⑤轮廓自然圆润。

⑥四周轮廓线完整。

2）女式短发渐增层次发型——吹风

①轮廓饱满自然。

②纹理流向清晰。

③线条简洁自然。

④发式造型配合脸形。

3）工具使用和安全卫生

①选择工具合理，操作程序正确。

②使用工具手法正确、熟练，无错误，工具不落地。

③考核过程中的操作方法符合卫生规范，不伤害顾客和自己。

注：

（1）修剪时必须整体剪去头发 2 cm 以上，否则修剪项目考评分均为 D 等。

（2）吹风造型后的发式定式正确，与考题相符，否则吹风造型项目的考评分均为 D 等。

附件：女式短发渐增层次发式效果图（供参考）。

| 1.正面造型效果图 | 2.左侧面造型效果图 | 3.右侧面造型效果图 | 4.侧后面造型效果图 |

## 2. 评分表

| 试题代码及名称 | | | 2.1.6  女式短发渐增层次发型 | 考核时间 | | 35 min | |
|---|---|---|---|---|---|---|---|
| 评价要素 | 配分 | 等级 | 评分细则 | 评定等级 | | | | 得分 |

| 评价要素 | 配分 | 等级 | 评分细则 | A | B | C | D | E | 得分 |
|---|---|---|---|---|---|---|---|---|---|
| **修剪**（操作时间 20 min）： | | | | | | | | | |
| 1<br>刘海与两侧相衔接 | 6 | A | 刘海与两侧相衔接 | | | | | | |
| | | B | 刘海与两侧有1处脱节 | | | | | | |
| | | C | 刘海与两侧有2处脱节 | | | | | | |
| | | D | 刘海与两侧有3处及3处以上脱节 | | | | | | |
| | | E | 未答题 | | | | | | |
| 2<br>两侧与后颈部相衔接 | 6 | A | 两侧与后颈部相衔接 | | | | | | |
| | | B | 两侧与后颈部有1处脱节 | | | | | | |
| | | C | 两侧与后颈部有2处脱节 | | | | | | |
| | | D | 两侧与后颈部有3处及3处以上脱节 | | | | | | |
| | | E | 未答题 | | | | | | |
| 3<br>渐增层次衔接自然 | 7 | A | 渐增层次衔接自然 | | | | | | |
| | | B | 渐增层次有1处脱节 | | | | | | |
| | | C | 渐增层次有2处脱节 | | | | | | |
| | | D | 渐增层次有3处及3处以上脱节 | | | | | | |
| | | E | 未答题 | | | | | | |

续表

| 试题代码及名称 | | | | 2.1.6　女式短发渐增层次发型 | | 考核时间 | | 35 min | | | |
|---|---|---|---|---|---|---|---|---|---|---|---|
| 评价要素 | | 配分 | 等级 | 评分细则 | 评定等级 | | | | | | 得分 |
| | | | | | A | B | C | D | E | | |
| 4 | 左右两侧相等 | 5 | A | 左右两侧相等 | | | | | | | |
| | | | B | 左右两侧有1处不相等 | | | | | | | |
| | | | C | 左右两侧有2处不相等 | | | | | | | |
| | | | D | 左右两侧有3处及3处以上不相等 | | | | | | | |
| | | | E | 未答题 | | | | | | | |
| 5 | 轮廓自然圆润 | 4 | A | 轮廓自然圆润 | | | | | | | |
| | | | B | 轮廓有1处不够自然圆润 | | | | | | | |
| | | | C | 轮廓有2处不够自然圆润 | | | | | | | |
| | | | D | 轮廓有3处及3处以上不够自然圆润 | | | | | | | |
| | | | E | 未答题 | | | | | | | |
| 6 | 四周轮廓线完整 | 5 | A | 四周轮廓线完整 | | | | | | | |
| | | | B | 四周轮廓线有1处断痕 | | | | | | | |
| | | | C | 四周轮廓线有2处断痕 | | | | | | | |
| | | | D | 四周轮廓线不完整，有3处以上断痕 | | | | | | | |
| | | | E | 未答题 | | | | | | | |

吹风（操作时间15 min）：

| 1 | 轮廓饱满自然 | 6 | A | 轮廓饱满自然 | | | | | | | |
|---|---|---|---|---|---|---|---|---|---|---|---|
| | | | B | 轮廓有1处凹陷不饱满 | | | | | | | |
| | | | C | 轮廓有2处凹陷不饱满 | | | | | | | |
| | | | D | 轮廓有3处及3处以上凹陷，不饱满自然 | | | | | | | |
| | | | E | 未答题 | | | | | | | |
| 2 | 纹理流向清晰 | 5 | A | 纹理流向清晰 | | | | | | | |
| | | | B | 纹理流向有1处不够清晰 | | | | | | | |
| | | | C | 纹理流向有2处不够清晰 | | | | | | | |
| | | | D | 纹理流向有3处及3处以上不够清晰 | | | | | | | |
| | | | E | 未答题 | | | | | | | |

续表

| 试题代码及名称 | | | | 2.1.6 女式短发渐增层次发型 | | 考核时间 | | | 35 min | |
|---|---|---|---|---|---|---|---|---|---|---|
| 评价要素 | | 配分 | 等级 | 评分细则 | 评定等级 | | | | | 得分 |
| | | | | | A | B | C | D | E | |
| 3 | 线条简洁自然 | 6 | A | 线条简洁自然 | | | | | | |
| | | | B | 线条比较简洁自然，有1处较烦琐、杂乱 | | | | | | |
| | | | C | 线条基本简洁自然，有2处较烦琐、杂乱 | | | | | | |
| | | | D | 有3处及3处以上线条烦琐、杂乱 | | | | | | |
| | | | E | 未答题 | | | | | | |
| 4 | 发式造型配合脸形 | 6 | A | 发式造型配合脸形 | | | | | | |
| | | | B | 发式造型比较配合脸形，两侧轮廓与脸形配合不够 | | | | | | |
| | | | C | 发式造型基本配合脸形，顶部轮廓与脸形处理不当 | | | | | | |
| | | | D | 顶部、两侧的轮廓与脸形不相配 | | | | | | |
| | | | E | 未答题 | | | | | | |
| 工具使用与安全卫生： | | | | | | | | | | |
| 1 | 选择工具合理，操作程序正确 | 1 | A | 选择工具合理，操作程序正确 | | | | | | |
| | | | B | 选择工具比较合理，操作程序基本正确 | | | | | | |
| | | | C | 选择工具不太合理，操作程序基本正确 | | | | | | |
| | | | D | 选择工具不合理，操作程序不正确 | | | | | | |
| | | | E | 未答题 | | | | | | |
| 2 | 用工具手法正确、熟练，无错误，工具不落地 | 2 | A | 使用工具手法正确、熟练，无错误，工具不落地 | | | | | | |
| | | | B | 使用工具手法基本正确、较熟练，无错误，工具不落地 | | | | | | |
| | | | C | 使用工具手法不太正确、不太熟练，无大错误，工具不落地 | | | | | | |
| | | | D | 使用工具手法不正确、不熟练，有错误，工具落地 | | | | | | |
| | | | E | 未答题 | | | | | | |

| 试题代码及名称 | | 2.1.6　女式短发渐增层次发型 | | | 考核时间 | | | | 35 min | |
|---|---|---|---|---|---|---|---|---|---|---|
| 评价要素 | 配分 | 等级 | 评分细则 | | 评定等级 | | | | | 得分 |
| | | | | | A | B | C | D | E | |
| 3　操作方法符合卫生规范，不伤害顾客和自己 | 1 | A | 操作方法符合卫生规范，不伤害顾客和自己 | | | | | | | |
| | | B | 操作方法基本符合卫生规范，未伤害顾客和自己 | | | | | | | |
| | | C | 操作方法不太符合卫生规范，未伤害顾客和自己 | | | | | | | |
| | | D | 操作方法不符合卫生规范，伤害顾客和自己 | | | | | | | |
| | | E | 未答题 | | | | | | | |
| 合计配分 | 60 | | 合　计　得　分 | | | | | | | |

注：

1. 修剪中整体至少剪去头发 2 cm 以上，此项为否定项，如整体剪去头发少于 2 cm，则修剪项目考评分均评 D 等。

2. 吹风中发式定型准确，此项为否定项，如吹风后的发式与考题要求不一致，则吹风项目考评分均评 D 等。

| 等级 | A（优） | B（良） | C（及格） | D（较差） | E（差或未答题） |
|---|---|---|---|---|---|
| 比值 | 1.0 | 0.8 | 0.6 | 0.2 | 0 |

"评价要素"得分＝配分×等级比值。

## 六、女式中长发卷杠（六分区标准长方形排列）　（试题代码：2.2.1；考核时间：25 min）

详见第 6 部分操作技能考核模拟试卷。

# 第 5 部分

# 理论知识考试模拟试卷及答案

## 美发师（五级）理论知识试卷

### 注 意 事 项

1. 考试时间：90 min。

2. 请首先按要求在试卷的标封处填写您的姓名、准考证号和所在单位的名称。

3. 请仔细阅读各种题目的回答要求，在规定的位置填写您的答案。

4. 不要在试卷上乱写乱画，不要在标封区填写无关的内容。

|  | 一 | 二 | 总分 |
|---|---|---|---|
| 得分 |  |  |  |

| 得分 |  |
|---|---|
| 评分人 |  |

一、判断题（第 1 题～第 60 题。将判断结果填入括号中。正确的填"√"，错误的填"×"。每题 0.5 分，满分 30 分）

1. 电推剪是以电力推动上刀齿板前后左右移动来切断头发，达到推剪发型的目的。

（　　）

2. 吹风造型类工具是指小吹风机和挂壁式吹风机。 （　　）

3. 电推剪使用后如不及时清除齿板和齿缝中的尘垢和短发，用起来就不灵活。（　　）

4. 将洗净的毛巾拧干后，放入红外线烘烤箱内消毒 5 min 即可达到消毒要求。（　　）

5. 调理香波、中性香波、油性香波、去头皮屑香波、烫后香波等均属于功能类洗发香波。
（　　）

6. 按其着色的牢固度划分，可将染发剂分为暂时性染发剂、半永久性染发剂和永久性染发剂三类。
（　　）

7. 微碱性冷烫精属于普通冷烫精，对头发起到保护作用。（　　）

8. 美发厅内的温度应以舒适为前提，一般温度为18℃。（　　）

9. 美发厅的铜制品上面的锈斑可以用擦铜水擦拭。（　　）

10. 美发师要勤剪发、勤洗头，保持头发清洁，给人神清气爽的感觉。（　　）

11. 美发师的正确坐姿是上体保持站立时的姿势，将双膝靠拢，两腿不分开或稍分开。
（　　）

12. 美发师与顾客真诚的对话往往能让顾客感到信赖。（　　）

13. 顾客进门后，应先请其坐下来，再奉上一杯茶水，让其感到亲切温暖，有宾至如归的感觉。
（　　）

14. 女式美发服务项目有洗发、剪发、烫发、染发、修面、束发、吹风梳理等多项。
（　　）

15. 合理制定美发服务行业价格，关系到国家、经营者和消费者的权益。（　　）

16. 男式推剪一般从左鬓角的发际开始，经耳上部到脑后部，再到右鬓角，推剪色调和轮廓。
（　　）

17. 洗发用品通常可分为正常发质用、中性发质用、干性发质用和特殊发质用。（　　）

18. 洗发操作时，将洗发液打出泡沫后均匀地涂抹于头发各部位，直到洗发液浸湿所有头发。
（　　）

19. 在洗发冲洗过程中，边冲，边晃，边抖，同时逐渐加热，以达到止痒目的。（　　）

20. 头面部按摩中，督脉按摩的顺序为：印堂穴→神庭穴→上星穴→囟会穴→百会穴。

21. 剪刀操作的方法可分为基本剪法、梳子配合剪法和手配合剪法三种。（　　）

22. 男式基本发式按留发长短可分为短发类发型、中长类发型和长发类发型三大类。
（　　）

23. 在男式推剪操作中，基线位置的高低与发式能否符合标准有很大的关系。（　　）

24. 在男式推剪操作中，各种发式轮廓线的位置要根据留发长短来确定。（　　）

25. 轮廓周围无论是横向、斜向、直向引出来的线条都应该是弧形的。（　　）

26. 在男式推剪鬓角时，用小抄梳的前端贴住鬓角下部，角度可略大些。（　　）

27. 在男式发式修剪操作中，固定设计线是一条不变的固定的线。（　　）

28. 推剪男式短发时，为了使头部保持弧形，轮廓应采取满推的方法。（　　）

29. 卷发类发型通过梳理、组合等操作，可塑造成各种不同形状的发式。（　　）

30. 夹剪是一种使用比较广泛的修剪方法，主要用于剪出发式的初步轮廓，调整头发层次。
（　　）

31. 挑剪时，通常是挑一股剪一股，梳子起着引导和控制长度的作用。（　　）

32. 零度层次表现为头发的层次全部集中在后颈部，而形成直发。（　　）

33. 平直线发型修剪完毕后，将头发梳通梳顺，用手指抖动头发，检查垂落后的自然平齐效果。
（　　）

34. 斜向后形线发型修剪完后，检查两侧头发的长短是否一致。（　　）

35. 均等层次的头发沿头部曲线散开，形成平滑纹理。（　　）

36. 渐增层次受人喜欢且多样化，是由于它既有层次又能保留相应的长度。（　　）

37. 虽然烫发杠形状各异，大小不同，但烫出的纹理形状却大同小异。（　　）

38. 烫发工具车主要是方便烫发操作，便于摆放工具用品。（　　）

39. 碱性冷烫精主要成分硫代乙醇酸。（　　）

40. 卷杠的质量标准要求卷杠排列整齐，各分区边缘线清晰。（　　）

41. 烫发杠的型号及式样，主要以烫发杠的形状及不同操作原理来区别。（　　）

42. 使用酸性冷烫精烫发时，涂中和剂前如未用水冲净冷烫精，会出现灼伤头皮的情况。
（　　）

43. 吹风是美发服务的最后一道操作工序，能否形成美观大方的发式，主要决定于这一道工序。
（　　）

44. 在吹风操作中，压的作用是使头发平伏，压的方法有两种：一种是用梳子压，另一种是用手掌压。 （  ）

45. 在吹风操作中，头发能够紧贴、卷曲、舒展成型，主要是大吹风机送出热量的作用。 （  ）

46. 在男式吹风操作前，用干毛巾吸干头发上多余的水分，这样可以缩短吹风时间，节约用电。 （  ）

47. 男式吹风压头路、吹头路轮廓就是用梳子的梳背将头路大边头发的发根压齐，然后梳子将头路轮廓提拉成立体饱满状。 （  ）

48. 在男式发式吹风中，轮廓齐圆是吹风的最终目的，饱满自然是次要的。 （  ）

49. 在男式发式吹梳小边时，梳子和吹风口要形成60°角，这样吹风的温度不会烫痛头皮。 （  ）

50. 在女式吹风操作中，旋转法可分为内旋、外旋、上旋和下旋四种。 （  ）

51. 女式吹风梳理的质量标准要求内轮廓自然流畅，结构完美。 （  ）

52. 圆形头的特征是：各骨骼生长的比较均匀，肌肉丰满，前后左右圆润饱满。 （  ）

53. 双氧乳是染发剂的主要材料之一，它会进入头发内部，同时氧化染膏使头发变色。 （  ）

54. 把染发膏和双氧乳混合，抹到头发上可使头发表皮层的毛鳞片扩张。 （  ）

55. 通过单独使用漂粉使头发退色的染发技巧，称为漂色。 （  ）

56. 在染发期间进行发束检验可了解染发剂的显色情况以及染发剂对头发及头皮的影响。 （  ）

57. 涂抹染膏时，发片要厚薄适宜，染膏要充足，涂抹要均匀。 （  ）

58. 免加热类焗油产品具有化学分子颗粒小、容易进入头发内部、操作方便、效果明显等优点。 （  ）

59. 极度受损发质在操作过烫染项目之后需要马上做一次免加热类的焗油护理。 （  ）

60. 在涂抹护发产品时要尽量避免碰触到发际线以外的皮肤，以防引起顾客的不适感。 （  ）

| 得分 | |
|---|---|
| 评分人 | |

二、单项选择题（第1题～第70题。选择一个正确的答案，将相应的字母填入题内的括号中。每题1分，满分70分）

1. 电推剪有（　　）和电磁振动式两种。

　　A. 发电机式　　　　B. 电动机式　　　　C. 发动机式　　　　D. 马达式

2. 修面后使用（　　）可使皮肤的毛孔得到护理。

　　A. 洗面奶　　　　　B. 护肤霜　　　　　C. 清洁水　　　　　D. 护手霜

3. 用（　　）梳理的发型具有丝纹粗犷、活泼、动感强的特点。

　　A. 滚刷　　　　　　B. 九行刷　　　　　C. 排骨刷　　　　　D. 钢丝发刷

4. 剃刀每次使用前要在（　　）上来回刮几下，使剃刀锋口平整。

　　A. 趟刀布　　　　　B. 干毛巾　　　　　C. 大围布　　　　　D. 小围布

5. （　　）每隔一段时间可用碱水浸泡，将油垢、发胶等污垢洗净。

　　A. 吹风机外壳　　　B. 梳、刷工具　　　C. 电推剪外壳　　　D. 大吹风机

6. 小吹风机转速不正常，（　　），其原因是转子、定子绕组部分短路，应送去专业维修。

　　A. 转转停停　　　　B. 时快时慢　　　　C. 转速加快　　　　D. 转速减慢

7. 发胶为水溶性配方、（　　）的固发用品。

　　A. 液体状　　　　　B. 膏状　　　　　　C. 粉状　　　　　　D. 块状

8. 焗油膏可以给头发补充（　　），修复受损头发。

　　A. 油脂　　　　　　B. 蛋白质　　　　　C. 角蛋白　　　　　D. 水分

9. 毛巾洗净拧干后放入蒸箱内经过（　　）min的消毒，才能使用。

　　A. 10～15　　　　　B. 15～20　　　　　C. 20～30　　　　　D. 25～30

10. 在美发厅装潢设计时，应使用暖色调中的（　　）。

　　A. 高色调　　　　　B. 低色调　　　　　C. 浅色调　　　　　D. 深色调

11. 美发师要体现热情和亲切的表情应该（　　）。

　　A. 微笑　　　　　　B. 主动　　　　　　C. 耐心　　　　　　D. 周到

12. 美发师工作时的步伐要求为：两脚基本走在一条直线上，（ ）带动小腿。

　　A. 脚掌　　　　　　B. 脚跟　　　　　　C. 手臂摆动　　　　D. 大腿

13. 美发师谈话时表情应该诚恳，语气和声调应（ ），不要摇头、晃手。

　　A. 明亮　　　　　　B. 明朗　　　　　　C. 柔和　　　　　　D. 协调

14. 在与顾客交流中应避免问及对方的（ ）。

　　A. 私事　　　　　　B. 公事　　　　　　C. 染发要求　　　　D. 烫发要求

15. 美发服务结束后，送顾客（ ），并礼貌向顾客道别。

　　A. 进门　　　　　　B. 出门　　　　　　C. 回去　　　　　　D. 离开

16. 美发服务的价格是指美发师利用企业的设备、工具和服务技术，为顾客进行服务而支出社会劳动的（ ）。

　　A. 价格表现　　　　B. 货币表现　　　　C. 价值表现　　　　D. 资本表现

17. 围围布时，应从顾客的（ ）将围布打开，自胸前向后围。

　　A. 右前侧　　　　　B. 左前侧　　　　　C. 正后方　　　　　D. 正前方

18. 美发服务完毕后，应根据顾客意见对发型的（ ）做一些修改，以求完美。

　　A. 不足之处　　　　B. 顶部　　　　　　C. 前额　　　　　　D. 两侧

19. 做花的操作程序是：洗发→修剪→烫发→（ ）→烘干→吹风梳理，梳刷波浪，束发均可。

　　A. 盘束　　　　　　B. 盘发　　　　　　C. 卷杠　　　　　　D. 盘卷

20. 敏感性头皮用含甘菊精华的洗发香波，能防止头皮发炎，保持头皮的天然（ ）与平衡。

　　A. 温度　　　　　　B. 湿度　　　　　　C. 油脂　　　　　　D. 油性

21. 中性发质在正确的洗发过程中，选择（ ）的洗发和护发产品即可达到目的。

　　A. 强酸性　　　　　B. 强碱性　　　　　C. 中性　　　　　　D. 弱酸性

22. 仰洗时，水温以 40℃ 为宜。调节时可用（ ）确认水温。

　　A. 手掌内侧　　　　B. 手掌外侧　　　　C. 手腕内侧　　　　D. 手腕外侧

23. 在按摩中，用（ ）轻放于穴位上，来回做缓慢而轻柔的直线，或环旋地抚摩，此法为轻摩又称为抚。

A. 指端　　　　　　B. 指腹　　　　　　C. 手掌　　　　　　D. 指关节

24. 肩颈部按摩可分为（　　）条路线来进行按摩。

A. 1　　　　　　　　B. 3　　　　　　　　C. 4　　　　　　　　D. 5

25. 捏梳子训练时左手执梳子，梳子放在右手手心做（　　）翻动，使梳子在手指的操纵下转动自如。

A. 360°　　　　　　B. 240°　　　　　　C. 180°　　　　　　D. 90°

26. 牙剪的主要功能是以削薄为主，操作时特别要注意牙剪的（　　）位置和发量。

A. 齿状　　　　　　B. 角度　　　　　　C. 移动　　　　　　D. 以上答案均不正确

27. 平头式又称平顶头，顶部留发约 20～30 mm 左右，有些平头顶部留发在（　　）mm 之间。

A. 4～10　　　　　　B. 10～16　　　　　　C. 16～22　　　　　　D. 22～28

28. 在男式发型中，中部正好处于后脑鼓起部分的下端，形成一个（　　）。

A. 斜坡形　　　　　B. 锐角形　　　　　C. 倒坡形　　　　　D. 平面形

29. 各人发际线位置的高低不完全相同，基线位置不随之调整会影响发型的（　　）。

A. 效果　　　　　　B. 色调　　　　　　C. 轮廓　　　　　　D. 相称度

30. 在男式推剪操作中，色调是肤色与发色（　　）而产生的。

A. 合成　　　　　　B. 混合　　　　　　C. 交替　　　　　　D. 交融

31. 在男式推剪耳后操作时，梳子在耳后（　　）梳起头发梳齿向外倾斜，电推剪用半推法，将头发剪去。

A. 横向　　　　　　B. 斜向　　　　　　C. 纵向　　　　　　D. 水平

32. 在男式推剪枕骨部分时，电推剪在梳子的引导、衬托下沿隆起轮廓的（　　）进行推剪。

A. 外围　　　　　　B. 下部　　　　　　C. 附近　　　　　　D. 中心

33. 在男式发式修剪操作中，修饰轮廓从右鬓发开始，将轮廓线处的头发（　　）向上提升并进行修剪。

A. 快速　　　　　　B. 匀速　　　　　　C. 用力　　　　　　D. 缓慢

34. 直发类发型是指没有经过（　　）或做花盘卷工艺，仍能保持原来自然的直发状态。

    A. 修剪         B. 染发         C. 焗油         D. 烫发

35. 在夹剪操作中，头发提拉角度为 90°时，剪出来的头发（　　）。

    A. 层次高      B. 层次低      C. 层次调和      D. 层次适中

36. 抓剪操作中，抓起头发的宽度与修剪后形成的弧度有密切关系，宽度越大弧度（　　）。

    A. 越深        B. 越浅        C. 越小        D. 越大

37. 锯齿剪操作时，应打（　　）剪，头发不会产生齐叠而有层次。

    A. 垂直形      B. 水平形      C. 直斜形      D. 横斜形

38. 在女式发型修剪中首先应根据发型要求（　　）。

    A. 修剪层次    B. 修剪导线    C. 修剪刘海    D. 分发区

39. 均等层次是指整个头部所有头发层次均匀一致，有（　　）。

    A. 动感        B. 量感        C. 质感        D. 层次感

40. 修剪平直线时，头发不宜拉得太紧，必须保持（　　）修剪。

    A. 直线        B. 弧线        C. 左斜线      D. 右斜线

41. 斜向前形线发型修剪完后，检查（　　）是否衔接，两侧头发的长短是否一致。

    A. 均等层次    B. 边沿层次    C. 渐增层次    D. 以上答案均不正确

42. 女式短发修剪时要保持全头头发（　　）一致。

    A. 湿度        B. 温度        C. 长度        D. 厚度

43. 修剪侧发区斜向后形线时，在后颈部（　　）导线上平行地分出一束发片，由颈背部向两侧进行斜线修剪。

    A. 水平        B. 斜向        C. 纵向        D. 横向

44. 热能烫用品是利用（　　）产生的热能，达到烫卷发丝的目的。

    A. 物理反应    B. 化学反应    C. 机械原理    D. 热能原理

45. 在烫发液中，第二剂中和剂主要起（　　）作用。

    A. 溶解        B. 化解        C. 分解        D. 重组固定

46. 在烫发液中，微碱性冷烫精应用较广，一般适用于（　　）。

A. 酸性发质　　　　B. 油性发质　　　　C. 干性发质　　　　D. 正常发质

47. 在卷杠操作中，分份发片的宽度和厚度与所用卷发杠长度、直径相同称为（　　）。

　　A. 等基面　　　　B. 半基面　　　　C. 倍半基面　　　　D. 基面

48. 烫发质量标准要求：烫后（　　）成圈自然有光泽。

　　A. 发干　　　　B. 发根　　　　C. 发尾　　　　D. 卷曲

49. 烫发操作中，头发（　　）的毛鳞片较闭合，药水不易渗透，不易烫卷。

　　A. 表皮层　　　　B. 皮质层　　　　C. 髓质层　　　　D. 角质层

50. 离子烫的种类有水离子烫、（　　）烫、游离子烫。

　　A. 阳离子　　　　B. 负离子　　　　C. 钠离子　　　　D. 氧离子

51. 在吹风操作中，"挑"是将梳刷齿自下而上插入头发，使梳刷齿向外，之后梳刷再向内作（　　）转动。

　　A. 90°　　　　B. 60°　　　　C. 45°　　　　D. 30°

52. 在男式吹风操作中，"拉"的方法是将小吹风口对准梳刷背部送风，并随着梳刷（　　）移动。

　　A. 向前　　　　B. 向上　　　　C. 向下　　　　D. 向后

53. 在吹风操作中，如果吹风机的送风口与头皮成（　　），则很容易弄伤顾客的头皮。

　　A. 30°　　　　B. 45°　　　　C. 90°　　　　D. 180°

54. 在男式吹风操作中，（　　）头路在眼睛向前平视时，对准左眼或右眼的眼珠。

　　A. 对分　　　　B. 三七分　　　　C. 四六分　　　　D. 二八分

55. 在男式分头缝发型的吹风时，一般先从（　　）开始，压头路、吹头路轮廓、吹小边鬓角。

　　A. 大边的头路　　B. 小边的头路　　C. 中间　　　　D. 任意位置

56. 在男式发式吹风时，要注意吹风口与头皮的距离，并保持一定的（　　），还要注意送风的温度与技巧。

　　A. 时间　　　　B. 角度　　　　C. 速度　　　　D. 温度

57. 在吹梳男式发分头路发型时，梳子用（　　）的方法，沿头缝的发根向上提拉头缝大边轮廓。

A. "推"　　　　B. "拉"　　　　C. "别"　　　　D. "挑"

58. 在男式发式吹梳前额时，从小边额角用（　　）的方法按次分批向大边额角吹。

A. "挑、别"　　B. "挑、拉"　　C. "别、拉"　　D. "推、别"

59. 在女式吹风操作中，别法是运用（　　）运转梳刷，将头发吹成饱满的弧形和一定的高度。

A. 手臂　　　　B. 手腕　　　　C. 五指　　　　D. 拇指

60. 女式短发吹风梳理的程序最后进行（　　）的调整、修饰、定型。

A. 前刘海　　　B. 右耳侧　　　C. 左耳侧　　　D. 四周轮廓

61. 圆形脸又称"（　　）"字脸，多数是额前发际线生得低，耳部两侧较宽，肌肉比较丰满。

A. 国　　　　　B. 申　　　　　C. 田　　　　　D. 目

62. 染发手套分为一次性与多次性，材质分为塑料材质或（　　）。

A. 胶质　　　　B. 布质　　　　C. 棉质　　　　D. 纸质

63. 金属型染发剂的染膏中含（　　）离子的染料。

A. 铝、铁、银　B. 铝、铁、锡　C. 铝、铜、银　D. 铝、铜、锡

64. 以比顾客原发色的色度级别高的染发剂操作染发的过程，称为（　　）。

A. 同度染　　　B. 染深　　　　C. 染浅　　　　D. 沐浴染

65. 染发沟通时，需要了解顾客所需要的颜色的深度，上次染黑的时间间隔等，并获得（　　）的答案。

A. 模糊　　　　B. 笼统　　　　C. 详细　　　　D. 简单

66. 皮肤过敏测试的方法是：先清洗（　　）或手腕处皮肤，然后用棉签蘸取使用的配方，涂在皮肤上，保留 24 h。

A. 耳后　　　　B. 耳垂　　　　C. 手肘　　　　D. 手背

67. 根据顾客的要求和本身的白发状态，选择合适的染膏和双氧乳，如果是染黑，双氧乳建议使用（　　）。

A. 3%　　　　　B. 6%　　　　　C. 9%　　　　　D. 12%

68. 护发素分为需要（　　）的护发素和免冲洗保湿护发素两类。

A. 冲洗　　　　B. 焗油　　　　C. 加温　　　　D. 吹干

69. 平衡营养润发素属于（　　）产品。

A. 洗发类　　　　　　　　　B. 护发素

C. 加热类焗油护理　　　　　D. 免加热类焗油护理类

70. 护发产品可以补充（　　）和水分，修护受损及经过漂、染、烫的头发。

A. 维生素 A　　　B. 维生素 C　　　C. 维生素 E　　　D. 维生素 F

# 美发师（五级）理论知识试卷答案

**一、判断题**（第1题～第60题。将判断结果填入括号中。正确的填"√"，错误的填"×"。每题0.5分，满分30分）

| | | | | | | | | |
|---|---|---|---|---|---|---|---|---|
| 1. × | 2. × | 3. √ | 4. × | 5. √ | 6. √ | 7. × | 8. × | 9. √ |
| 10. √ | 11. √ | 12. × | 13. √ | 14. × | 15. √ | 16. × | 17. × | 18. √ |
| 19. × | 20. √ | 21. √ | 22. × | 23. √ | 24. √ | 25. √ | 26. × | 27. √ |
| 28. × | 29. √ | 30. √ | 31. √ | 32. × | 33. × | 34. √ | 35. × | 36. √ |
| 37. × | 38. √ | 39. √ | 40. × | 41. √ | 42. √ | 43. √ | 44. √ | 45. × |
| 46. √ | 47. √ | 48. × | 49. √ | 50. √ | 51. √ | 52. √ | 53. × | 54. √ |
| 55. × | 56. √ | 57. √ | 58. √ | 59. √ | 60. √ | | | |

**二、单项选择题**（第1题～第70题。选择一个正确的答案，将相应的字母填入题内的括号中。每题1分，满分70分）

| | | | | | | | | |
|---|---|---|---|---|---|---|---|---|
| 1. B | 2. B | 3. C | 4. A | 5. B | 6. D | 7. A | 8. A | 9. C |
| 10. C | 11. A | 12. D | 13. C | 14. A | 15. B | 16. B | 17. A | 18. A |
| 19. D | 20. B | 21. C | 22. C | 23. B | 24. A | 25. C | 26. C | 27. A |
| 28. C | 29. B | 30. D | 31. B | 32. A | 33. D | 34. D | 35. D | 36. D |
| 37. D | 38. D | 39. A | 40. A | 41. B | 42. A | 43. B | 44. B | 45. D |
| 46. D | 47. A | 48. C | 49. A | 50. B | 51. A | 52. D | 53. C | 54. B |
| 55. B | 56. B | 57. C | 58. A | 59. C | 60. D | 61. C | 62. A | 63. C |
| 64. C | 65. C | 66. A | 67. A | 68. A | 69. D | 70. C | | |

# 第6部分

# 操作技能考核模拟试卷

## 注 意 事 项

1. 考生根据操作技能考核通知单中所列的试题做好考核准备。

2. 请考生仔细阅读试题单中具体考核内容和要求，并按要求完成操作或进行笔答或口答，若有笔答请考生在答题卷上完成。

3. 操作技能考核时要遵守考场纪律，服从考场管理人员指挥，以保证考核安全顺利进行。

注：操作技能鉴定试题评分表及答案是考评员对考生考核过程及考核结果的评分记录表，也是评分依据。

### 国家职业资格鉴定

## 美发师（五级）操作技能考核通知单

姓名：

准考证号：

考核日期：

## 试题 1

试题代码：1.1.1。

试题名称：洗头。

考核时间：5 min。

配分：5分。

## 试题 2

试题代码：1.1.2。

试题名称：头部、肩部、颈部、背部按摩。

考核时间：10 min。

配分：10分。

## 试题 3

试题代码：2.1.3。

试题名称：男式有色调（全向后流向）发型。

考核时间：35 min。

配分：60分。

## 试题 4

试题代码：2.2.1。

试题名称：女式中长发卷杠（六分区标准长方形排列）。

考核时间：25 min。

配分：25分。

# 美发师（五级）操作技能鉴定

## 试 题 单

试题代码：1.1.1。

试题名称：洗头。

规定用时：5 min。

1. 操作条件

(1) 洗头围布、干毛巾、洗发液等。

(2) 真人模特一名，符合美发师（五级）技能鉴定中本考题洗发的条件要求。

2. 操作内容

(1) 坐洗，涂皂沫、抓、擦、揉、摩。

(2) 冲洗。

(3) 毛巾包裹头发。

3. 操作要求

(1) 发际线内泡沫均匀，发际线外无滴漏；皂沫不得滴漏至顾客的脸部、颈内和围布上。

(2) 坐洗手势熟练，动作自然连贯，顾客头部无大颠动。

(3) 冲洗手势正确、熟练，水不外溅。

(4) 毛巾包裹头发平整、不松散。

# 美发师（五级）操作技能鉴定

## 试题评分表

| 试题代码及名称 | | | 1.1.1 洗头 | 考核时间 | | | | 5 min | |
|---|---|---|---|---|---|---|---|---|---|
| 评价要素 | 配分 | 等级 | 评分细则 | 评定等级 | | | | | 得分 |
| | | | | A | B | C | D | E | |
| 1 发际线内泡沫均匀，发际线外无滴漏 | 1 | A | 发际线内泡沫均匀，发际线外无滴漏 | | | | | | |
| | | B | 皂沫滴漏至发际线外 | | | | | | |
| | | C | 皂沫滴漏至面颊或颈内 | | | | | | |
| | | D | 发际线内皂沫不均匀或皂沫滴漏至面颊、颈内、围布上 | | | | | | |
| | | E | 未答题 | | | | | | |
| 2 坐洗手势熟练，动作自然连贯，顾客头部无大颠动 | 2 | A | 手势熟练，动作自然连贯，顾客头部无大颠动 | | | | | | |
| | | B | 手势比较熟练，顾客头部无大颠动 | | | | | | |
| | | C | 手势单一，动作不熟练 | | | | | | |
| | | D | 手势生硬 | | | | | | |
| | | E | 未答题 | | | | | | |
| 3 冲洗手势熟练，水不外溅 | 1 | A | 手势熟练，水不外溅 | | | | | | |
| | | B | — | | | | | | |
| | | C | — | | | | | | |
| | | D | 手势不熟练，水外溅 | | | | | | |
| | | E | 未答题 | | | | | | |
| 4 毛巾包裹头发平整、不松散 | 1 | A | 毛巾包裹头发平整、不松散 | | | | | | |
| | | B | — | | | | | | |
| | | C | — | | | | | | |
| | | D | 毛巾包裹头发不平整、松散 | | | | | | |
| | | E | 未答题 | | | | | | |
| 合计配分 | 5 | | 合 计 得 分 | | | | | | |

考评员（签名）：

| 等级 | A（优） | B（良） | C（及格） | D（较差） | E（差或未答题） |
|------|---------|---------|-----------|-----------|------------------|
| 比值 | 1.0 | 0.8 | 0.6 | 0.2 | 0 |

"评价要素"得分＝配分×等级比值。

# 美发师（五级）操作技能鉴定

## 试 题 单

试题代码：1.1.2。

试题名称：头部、肩部、颈部、背部按摩。

规定用时：10 min。

1. 操作条件

模特：符合美发师（五级）技能鉴定题库中本考题按摩的条件要求。

2. 操作内容

（1）头部按摩。

（2）肩部、颈部、背部按摩。

3. 操作要求

（1）头部按摩穴位准确，程序正确，能按经络线路操作。

（2）颈部、肩部、背部按摩穴位准确，程序正确，能按经络线路操作。

（3）按摩手法多样、正确，能用5种以上的按摩手法进行操作（注：按摩手法有按、摩、捏、揉、点、滚、推、拿、拍法等）

（4）按摩动作熟练、深透、连贯。

# 美发师（五级）操作技能鉴定

## 试题评分表

| 试题代码及名称 | | | 1.1.2 头部、肩、颈、背部按摩 | | 考核时间 | | 10 min |
|---|---|---|---|---|---|---|---|
| 评价要素 | | 配分 | 等级 | 评分细则 | 评定等级 | | 得分 |
| | | | | | A B C D E | | |
| 1 | 头部按摩穴位准确，程序正确，能按经络线路操作 | 2 | A | 头部按摩穴位准确，程序正确，能按经络线路操作 | | | |
| | | | B | 按摩穴位、程序、经络线路有 1 项操作不正确 | | | |
| | | | C | 按摩穴位、程序、经络线路有 2 项操作不正确 | | | |
| | | | D | 按摩穴位、程序、经络线路 3 项操作均不正确 | | | |
| | | | E | 未答题 | | | |
| 2 | 颈、肩、背部按摩穴位准确，程序正确，能按经络线路操作 | 2 | A | 颈、肩、背部按摩穴位准确，程序正确，能按经络线路操作 | | | |
| | | | B | 按摩穴位、程序、经络线路有 1 项操作不正确 | | | |
| | | | C | 按摩穴位、程序、经络线路有 2 项操作不正确 | | | |
| | | | D | 按摩穴位、程序、经络线路 3 项操作均不正确 | | | |
| | | | E | 未答题 | | | |
| 3 | 按摩手法多样、正确，能用 5 种以上的按摩手法进行操作（注：按摩手法有按、摩、捏、揉、点、滚、推、拿、拍法等） | 3 | A | 能正确使用 5 种以上按摩手法进行操作 | | | |
| | | | B | 能正确使用 4 种以上按摩手法进行操作 | | | |
| | | | C | 能正确使用 3 种以上按摩手法进行操作 | | | |
| | | | D | 仅能使用 3 种以下按摩手法进行操作，且动作生硬 | | | |
| | | | E | 未答题 | | | |

续表

| 试题代码及名称 | | | 1.1.2 头部、肩、颈、背部按摩 | | 考核时间 | | | | 10 min | |
|---|---|---|---|---|---|---|---|---|---|---|
| 评价要素 | 配分 | 等级 | 评分细则 | 评定等级 | | | | | 得分 | |
| | | | | A | B | C | D | E | | |
| 4 按摩动作熟练、深透、连贯 | 3 | A | 按摩动作熟练、深透、连贯 | | | | | | | |
| | | B | 按摩动作较熟练、较深透、较连贯 | | | | | | | |
| | | C | 动作一般，深透、连贯不够 | | | | | | | |
| | | D | 动作生硬，不深透、不连贯 | | | | | | | |
| | | E | 未答题 | | | | | | | |
| 合计配分 | 10 | | 合 计 得 分 | | | | | | | |

考评员（签名）：

| 等级 | A（优） | B（良） | C（及格） | D（较差） | E（差或未答题） |
|---|---|---|---|---|---|
| 比值 | 1.0 | 0.8 | 0.6 | 0.2 | 0 |

"评价要素"得分＝配分×等级比值。

# 美发师（五级）操作技能鉴定

## 试 题 单

试题代码：2.1.3。

试题名称：男式有色调（全向后流向）发型。

规定用时：35 min。

1. 操作条件

(1) 男性模特一名，头发条件须符合美发师（五级）技能鉴定题库中本考题的要求。

(2) 大围布、干毛巾及全套美发工具用品。

2. 操作内容

(1) 男式有色调（全向后流向）发型——推剪（考核时间 20 min）

(2) 男式有色调（全向后流向）发型——吹风（考核时间 15 min）

3. 操作要求

(1) 男式有色调（全向后流向）发型——推剪

1) 色调幅度 4 cm 以上。

2) 后颈部接头精细。

3) 两鬓、两侧、后颈部色调均匀。

4) 轮廓齐圆。

5) 两鬓、两侧相等。

6) 顶部层次均等无脱节。

(2) 男式有色调（全向后流向）发型——吹风

1) 球形轮廓饱满圆润。

2) 纹理流向清晰，有光亮度。

3) 四周平伏。

4) 发式造型配合脸形。

(3) 工具使用和安全卫生

1）选择工具合理，操作程序正确。

2）使用工具手法正确、熟练，无错误，工具不落地。

3）考核过程中的操作方法符合卫生规范，不伤害顾客和自己。

注：

（1）推剪中整体至少剪去头发2 cm以上，此项为否定项，如整体剪去头发少于2 cm，则推剪项目考评分均为D等。

（2）吹风中发式定型准确，此项为否定项，如吹风后的发式与考题不相符，则吹风造型项目的考评分均为D等。

附件：男式有色调（全向后流向）发型效果图（供参考）。

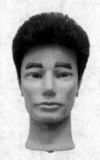 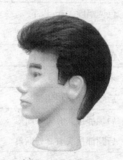 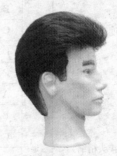

1.正面造型效果图　　　2.左侧面造型效果图　　　3.右侧面造型效果图

# 美发师（五级）操作技能鉴定

## 试题评分表

| 试题代码及名称 | | | 2.1.3　男式有色调（全向后流向）发型 | | 考核时间 | | 35 min | | |
|---|---|---|---|---|---|---|---|---|---|
| 评价要素 | 配分 | 等级 | 评分细则 | 评定等级 A | B | C | D | E | 得分 |

推剪（操作时间 20 min）：

| | 评价要素 | 配分 | 等级 | 评分细则 | A | B | C | D | E | 得分 |
|---|---|---|---|---|---|---|---|---|---|---|
| 1 | 色调幅度 4 cm 以上 | 4 | A | 色调幅度 4 cm 以上 | | | | | | |
| | | | B | 色调幅度 4 cm 以下 | | | | | | |
| | | | C | — | | | | | | |
| | | | D | 色调幅度 3 cm 以下 | | | | | | |
| | | | E | 未答题 | | | | | | |
| 2 | 后颈部接头精细 | 6 | A | 后颈部接头精细 | | | | | | |
| | | | B | 后颈部接头有 1 处断痕 | | | | | | |
| | | | C | 后颈部接头有 2 处断痕 | | | | | | |
| | | | D | 后颈部接头有 3 处及 3 处以上断痕或成明显切线 | | | | | | |
| | | | E | 未答题 | | | | | | |
| 3 | 两鬓、两侧、后颈部色调均匀 | 7 | A | 色调均匀 | | | | | | |
| | | | B | 色调有 1 块不均匀 | | | | | | |
| | | | C | 色调有 2 块不均匀 | | | | | | |
| | | | D | 色调有 3 块及 3 块以上都不均匀 | | | | | | |
| | | | E | 未答题 | | | | | | |
| 4 | 轮廓齐圆 | 6 | A | 轮廓齐圆 | | | | | | |
| | | | B | 轮廓有 1 处不齐圆 | | | | | | |
| | | | C | 轮廓有 2 处不齐圆 | | | | | | |
| | | | D | 轮廓有 3 处及 3 处以上不齐圆 | | | | | | |
| | | | E | 未答题 | | | | | | |

续表

| 试题代码及名称 | | | | 2.1.3　男式有色调（全向后流向）发型 | 考核时间 | | | | 35 min | |
|---|---|---|---|---|---|---|---|---|---|---|
| 评价要素 | | 配分 | 等级 | 评分细则 | 评定等级 | | | | | 得分 |
| | | | | | A | B | C | D | E | |
| 5 | 两鬓、两侧相等 | 4 | A | 两鬓、两侧相等 | | | | | | |
| | | | B | 两鬓、两侧有1处不相等 | | | | | | |
| | | | C | 两鬓、两侧有2处不相等 | | | | | | |
| | | | D | 两鬓、两侧有3处及3处以上不相等 | | | | | | |
| | | | E | 未答题 | | | | | | |
| 6 | 顶部层次均等无脱节 | 6 | A | 顶部层次均等无脱节 | | | | | | |
| | | | B | 层次衔接有1处脱节 | | | | | | |
| | | | C | 层次衔接有2处脱节 | | | | | | |
| | | | D | 层次衔接有3处及3处以上脱节 | | | | | | |
| | | | E | 未答题 | | | | | | |

吹风（操作时间15 min）：

| | | | | | A | B | C | D | E | |
|---|---|---|---|---|---|---|---|---|---|---|
| 1 | 球形轮廓圆润饱满 | 7 | A | 球形轮廓圆润饱满 | | | | | | |
| | | | B | 轮廓有1处不够圆润饱满 | | | | | | |
| | | | C | 轮廓有2处不够圆润饱满 | | | | | | |
| | | | D | 轮廓呆板、生硬，有3处及3处以上不够圆润饱满 | | | | | | |
| | | | E | 未答题 | | | | | | |
| 2 | 丝纹流向清晰，有光亮度 | 5 | A | 丝纹流向清晰，有光亮度 | | | | | | |
| | | | B | 丝纹流向有1处不够清晰、光亮 | | | | | | |
| | | | C | 丝纹流向有2处不够清晰、光亮 | | | | | | |
| | | | D | 丝纹流向有3处及3处以上不够清晰、光亮 | | | | | | |
| | | | E | 未答题 | | | | | | |
| 3 | 四周平伏 | 5 | A | 四周平伏 | | | | | | |
| | | | B | 四周有1处不够平伏 | | | | | | |
| | | | C | 四周有2处不够平伏 | | | | | | |
| | | | D | 四周有3处及3处以上不够平伏 | | | | | | |
| | | | E | 未答题 | | | | | | |

续表

| 试题代码及名称 | | | | 2.1.3　男式有色调（全向后流向）发型 | | 考核时间 | | | | 35 min | |
|---|---|---|---|---|---|---|---|---|---|---|---|
| 评价要素 | | 配分 | 等级 | 评分细则 | | 评定等级 | | | | | 得分 |
| | | | | | | A | B | C | D | E | |
| 4 | 发式造型配合脸形 | 6 | A | 发式造型配合脸形 | | | | | | | |
| | | | B | 发式造型比较配合脸形，左右两侧略有不够 | | | | | | | |
| | | | C | 发式造型基本配合脸形，顶部高低处理不当 | | | | | | | |
| | | | D | 顶部与两侧均不配合脸形 | | | | | | | |
| | | | E | 未答题 | | | | | | | |

工具使用与安全卫生：

| 1 | 选择工具合理，操作程序正确 | 1 | A | 选择工具合理，操作程序正确 | | | | | | | |
|---|---|---|---|---|---|---|---|---|---|---|---|
| | | | B | 选择工具比较合理，操作程序基本正确 | | | | | | | |
| | | | C | 选择工具不太合理，操作程序基本正确 | | | | | | | |
| | | | D | 选择工具不合理，操作程序不正确 | | | | | | | |
| | | | E | 未答题 | | | | | | | |
| 2 | 使用工具手法正确、熟练，无错误，工具不落地 | 2 | A | 使用工具手法正确、熟练，无错误，工具不落地 | | | | | | | |
| | | | B | 使用工具手法基本正确、较熟练，无错误，工具不落地 | | | | | | | |
| | | | C | 使用工具手法不太正确、不太熟练，无大错误，工具不落地 | | | | | | | |
| | | | D | 使用工具手法不正确、不熟练，有错误，工具落地 | | | | | | | |
| | | | E | 未答题 | | | | | | | |
| 3 | 操作方法符合卫生规范，不伤害顾客和自己 | 1 | A | 操作方法符合卫生规范，不伤害顾客和自己 | | | | | | | |
| | | | B | 操作方法基本符合卫生规范，未伤害顾客和自己 | | | | | | | |

续表

| 试题代码及名称 | | | 2.1.3 男式有色调（全向后流向）发型 | | 考核时间 | | | | 35 min | |
|---|---|---|---|---|---|---|---|---|---|---|
| 评价要素 | | 配分 | 等级 | 评分细则 | 评定等级 | | | | | 得分 |
| | | | | | A | B | C | D | E | |
| 3 | 操作方法符合卫生规范，不伤害顾客和自己 | 1 | C | 操作方法不太符合卫生规范，未伤害顾客和自己 | | | | | | |
| | | | D | 操作方法不符合卫生规范，伤害顾客和自己 | | | | | | |
| | | | E | 未答题 | | | | | | |
| 合计配分 | | 60 | 合 计 得 分 | | | | | | | |

注：
1. 推剪中整体至少剪去头发2 cm以上，此项为否定项，如整体剪去头发少于2 cm，则推剪项目考评分均为D等。
2. 吹风中发式定型准确，此项为否定项，如吹风后的发式与考题不相符，则吹风造型项目的考评分均为D等。

考评员（签名）：

| 等级 | A（优） | B（良） | C（及格） | D（较差） | E（差或未答题） |
|---|---|---|---|---|---|
| 比值 | 1.0 | 0.8 | 0.6 | 0.2 | 0 |

"评价要素"得分＝配分×等级比值。

# 美发师（五级）操作技能鉴定

## 试 题 单

试题代码：2.2.1。

试题名称：女式中长发卷杠（六分区标准长方形排列）。

规定用时：25 min。

1. 操作条件

（1）围布、干毛巾、烫发杠、挑针梳、衬纸、喷水壶等。

（2）公仔头模一只，符合美发师（五级）技能鉴定题库中本考题的要求。卷杠考核时头发的长度为女式中长发，后颈部头发至衣领处。

2. 操作内容

女式中长发卷杠（六分区标准长方形排列）（考核时间 25 min）。

3. 操作要求

（1）发杠排列整齐。

（2）发杠提拉角度适宜。

（3）杠面发丝光洁。

（4）发梢平整服帖。

（5）发杠粗细选择准确。

（6）发杠数量达标，为 50 根及 50 根以上。

注：

（1）卷杠用公仔头模的头发长度为中长发。

（2）卷杠的要求为六分区标准长方形排列。

（3）卷杠的发杠数量达标，为 50 根及 50 根以上。

# 美发师（五级）操作技能鉴定

## 试题评分表

| 试题代码及名称 | | | 2.2.1 女式中长发卷杠（六分区标准长方形排列） | | 考核时间 | | 25 min | | |
|---|---|---|---|---|---|---|---|---|---|
| 评价要素 | | 配分 | 等级 | 评分细则 | 评定等级 A | B | C | D | E | 得分 |

| 评价要素 | | 配分 | 等级 | 评分细则 | A | B | C | D | E | 得分 |
|---|---|---|---|---|---|---|---|---|---|---|
| 1 | 发杠排列整齐 | 5 | A | 发杠排列整齐 | | | | | | |
| | | | B | 发杠排列有1区不整齐 | | | | | | |
| | | | C | 发杠排列有2区不整齐 | | | | | | |
| | | | D | 发杠排列有3区及3区以上不整齐 | | | | | | |
| | | | E | 未答题 | | | | | | |
| 2 | 发杠提拉角度适宜 | 4 | A | 发杠提拉角度适宜 | | | | | | |
| | | | B | 有1区提拉角度不适宜 | | | | | | |
| | | | C | 有2区提拉角度不适宜 | | | | | | |
| | | | D | 有3区及3区以上提拉角度不适宜 | | | | | | |
| | | | E | 未答题 | | | | | | |
| 3 | 杠面发丝光洁 | 4 | A | 杠面发丝光洁 | | | | | | |
| | | | B | 杠面发丝有1区不光洁 | | | | | | |
| | | | C | 杠面发丝有2区不光洁 | | | | | | |
| | | | D | 杠面发丝有3区及3区以上不光洁 | | | | | | |
| | | | E | 未答题 | | | | | | |
| 4 | 发梢平整服帖 | 4 | A | 发梢平整服帖 | | | | | | |
| | | | B | 有1区发梢不平整服帖 | | | | | | |
| | | | C | 有2区发梢不平整服帖 | | | | | | |
| | | | D | 有3区及3区以上发梢不平整服帖 | | | | | | |
| | | | E | 未答题 | | | | | | |
| 5 | 发杠粗细选择准确 | 4 | A | 发杠粗细选择准确 | | | | | | |
| | | | B | 有1区发杠选择不准确 | | | | | | |
| | | | C | 有2区发杠选择不准确 | | | | | | |

续表

| 试题代码及名称 | | 2.2.1 女式中长发卷杠（六分区标准长方形排列） | | | | 考核时间 | | | 25 min | | |
|---|---|---|---|---|---|---|---|---|---|---|---|
| 评价要素 | | 配分 | 等级 | 评分细则 | 评定等级 | | | | | 得分 | |
| | | | | | A | B | C | D | E | | |
| 5 | 发杠粗细选择准确 | 4 | D | 有3区及3区以上发杠选择不准确 | | | | | | | |
| | | | E | 未答题 | | | | | | | |
| 6 | 发杠数量达标，为50根及50根以上 | 4 | A | 发杠数量达标，为50根及50根以上 | | | | | | | |
| | | | B | 发杠数量为45～49根 | | | | | | | |
| | | | C | 发杠数量为41～44根 | | | | | | | |
| | | | D | 发杠数量为40根以下 | | | | | | | |
| | | | E | 未答题 | | | | | | | |
| 合计配分 | | 25 | | 合 计 得 分 | | | | | | | |

注：

1. 卷杠用公仔头模的头发长度为中长发。

2. 卷杠的要求为六分区标准长方形排列。

3. 卷杠的发杠数量达标，为50根及50根以上。

考评员（签名）：

| 等级 | A（优） | B（良） | C（及格） | D（较差） | E（差或未答题） |
|---|---|---|---|---|---|
| 比值 | 1.0 | 0.8 | 0.6 | 0.2 | 0 |

"评价要素"得分＝配分×等级比值。